家居毛线经典图案

一目了然的左右鞋双图谱

欧阳小玲　徐　骁　著

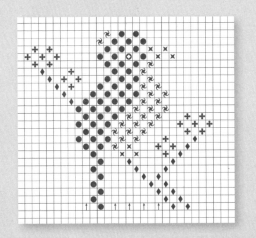

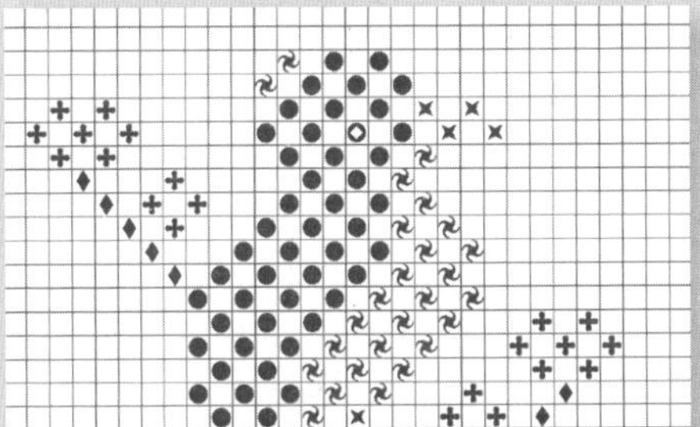

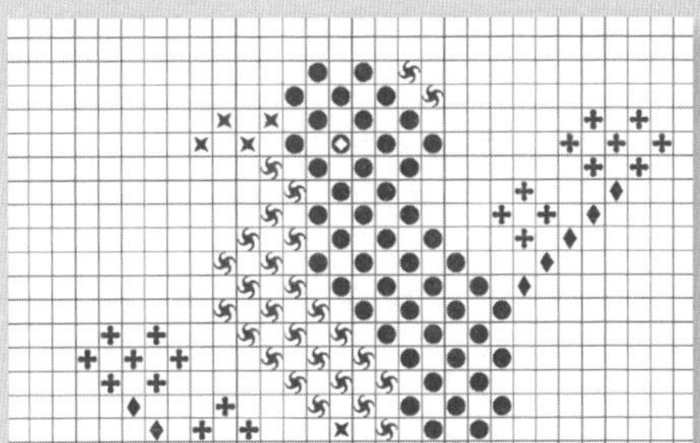

河南科学技术出版社
· 郑州 ·

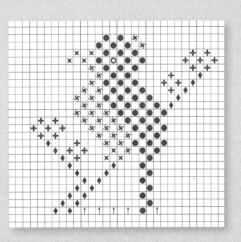

图书在版编目（CIP）数据

家居毛线钩鞋经典图案：一目了然的左右鞋双图谱 / 欧阳小玲，徐骁著．— 郑州：河南科学技术出版社，2018.8
ISBN 978-7-5349-9255-1

Ⅰ．①家… Ⅱ．①欧… ②徐… Ⅲ．①鞋－钩针－编织－图解 Ⅳ．① TS935.521-64

中国版本图书馆 CIP 数据核字 (2018) 第 143012 号

出版发行：河南科学技术出版社
地址：郑州市经五路 66 号　邮编：450002
电话：(0371)65737028
网址：www.hnstp.cn
责任编辑：冯　英
责任校对：张　敏
整体设计：张　伟
责任印制：张艳芳
印　　刷：洛阳和众印刷有限公司
经　　销：全国新华书店
开　　本：720mm × 1020 mm　1/16　印张：7　字数：150 千字
版　　次：2018 年 8 月第 1 版　2018 年 8 月第 1 次印刷
定　　价：28.00 元

序

读者朋友们好，从第一本书出版到现在，已有5年时间了，感谢你们一路的支持与相伴。

我们的书从《家居毛线钩鞋图案大全》到《家居毛线钩鞋贴心全彩图谱》，再到《毛线钩鞋新图案——一目了然的左右鞋全彩双图谱》，一本比一本丰富，一本比一本完善，内容也更加通俗易懂，更容易理解掌握。

这次，我们再次根据众多读者的需要，推出了这本《家居毛线钩鞋经典图案——一目了然的左右鞋双图谱》。

这本书所针对的读者，主要为已有部分钩鞋基础的朋友。

看过我们钩鞋书的鞋友们都知道，在我们之前所出版的钩鞋书里，有很多为了方便新手理解而专门设计的内容，包括钩鞋基础、鞋垫钩织等，这些内容对于零基础新手鞋友来说，效果是非常好的。

不过，对于有钩鞋基础的鞋友来说，这些新手的内容就有些多余了。

为此，在这本书中，我们去掉了针对新手的入门内容，集中展示经典图案，加入大量各式创新图案，让读者能够痛快地拥有大量优质图谱。

这本书的图谱是左右鞋双图谱，使用方便。每种图谱我们都配有两个成品供参考。图谱是根据钩出的成品整理绘制的，颜色和形状不一定都是严格的一一对应，你也可以根据自己的喜好改用不同的颜色。

我们依然希望，钩鞋的艺术能够越来越广泛地流传，让越来越多的读者喜欢并学会钩鞋，也希望大家能够喜欢这本新书，谢谢！

徐骁

2018年5月

目录

图谱

实物图片

图谱

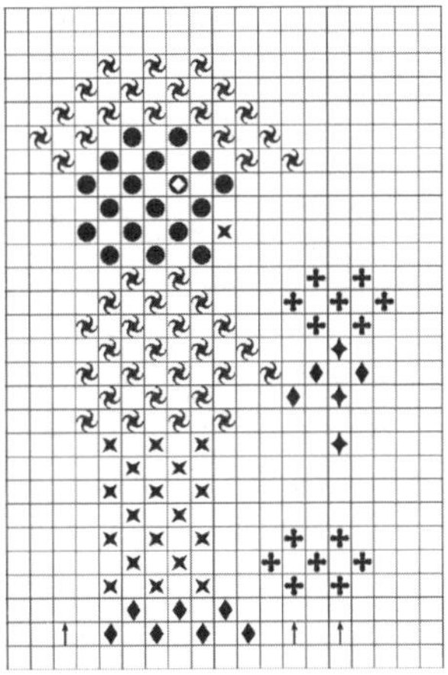

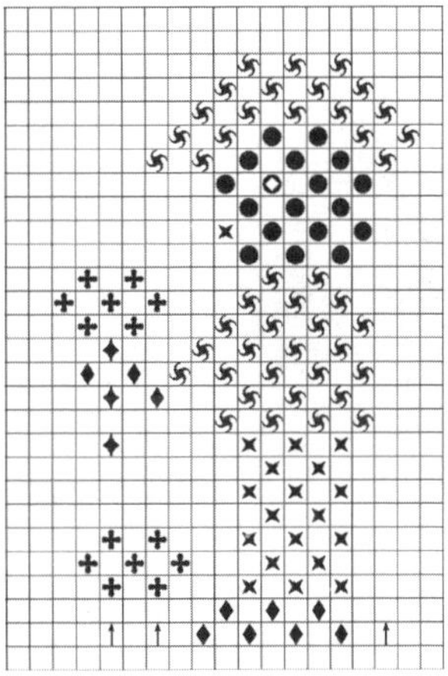

鼠

建议：11 针起花

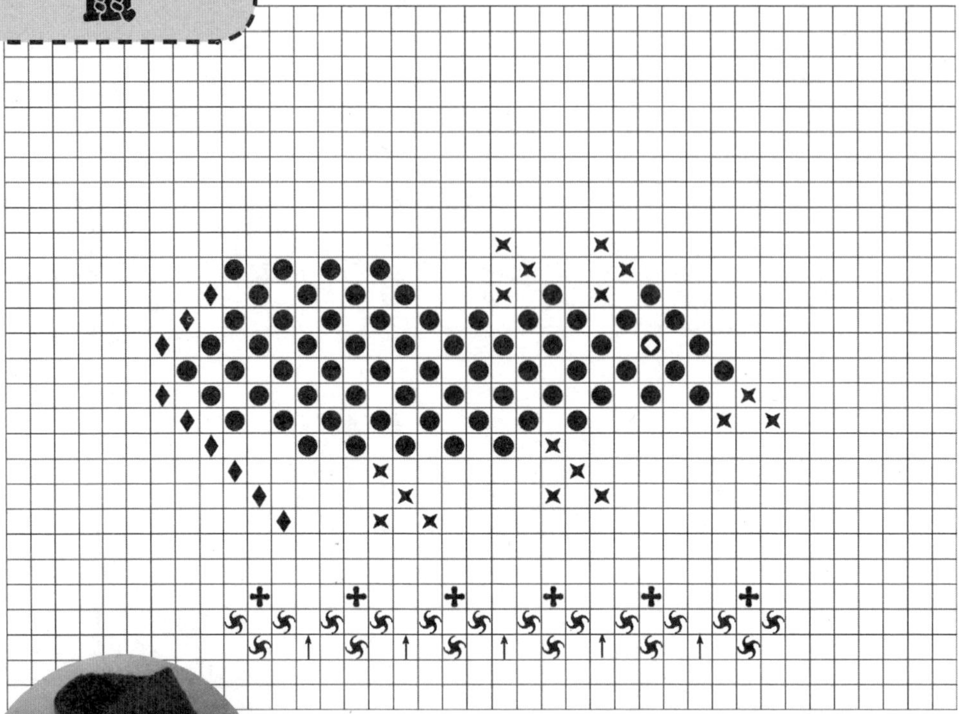

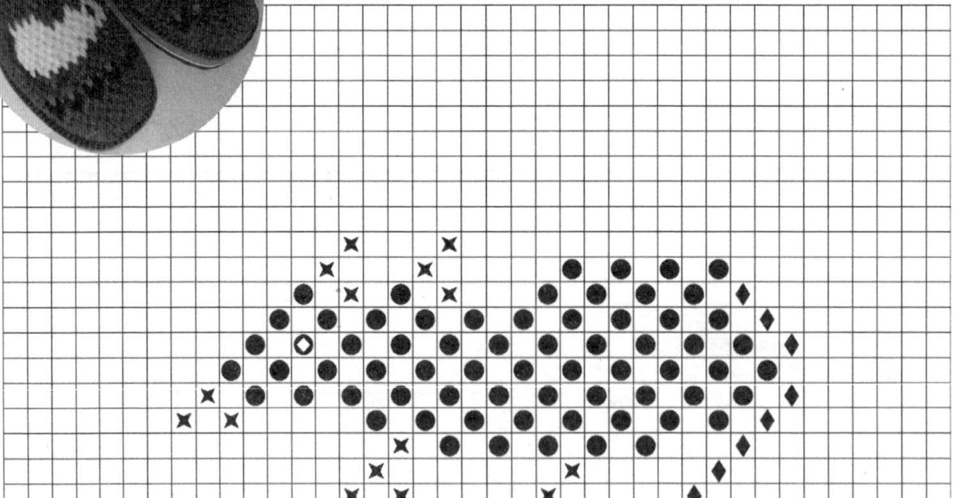

牛

建议：10 针起花

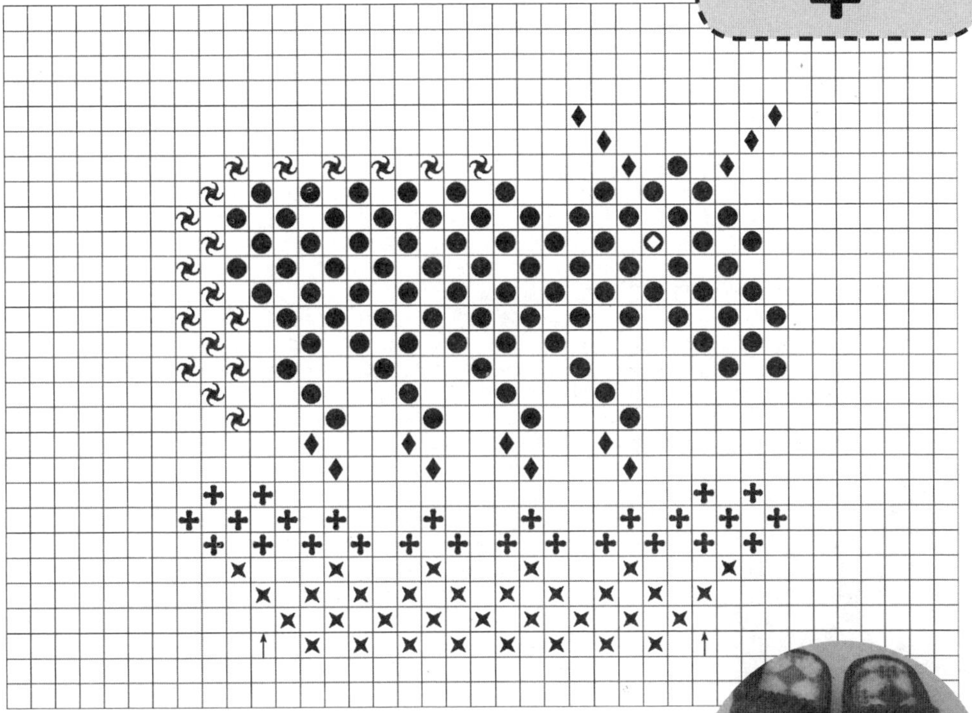

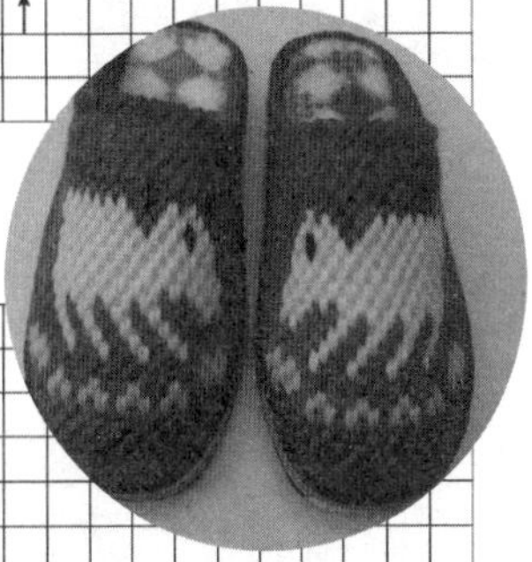

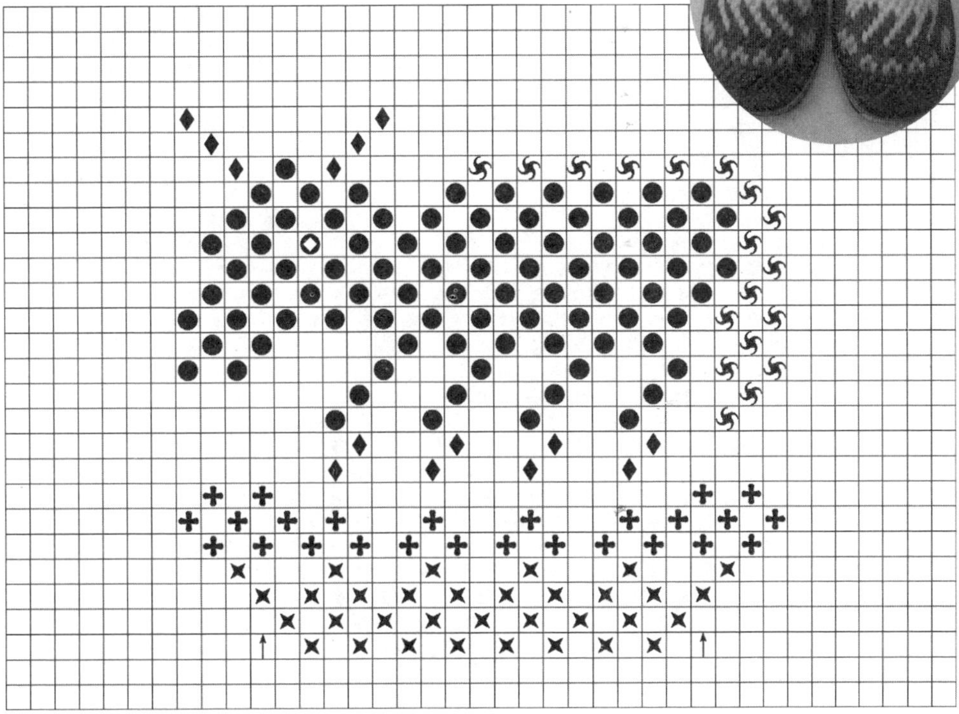

虎

建议：9 针起花

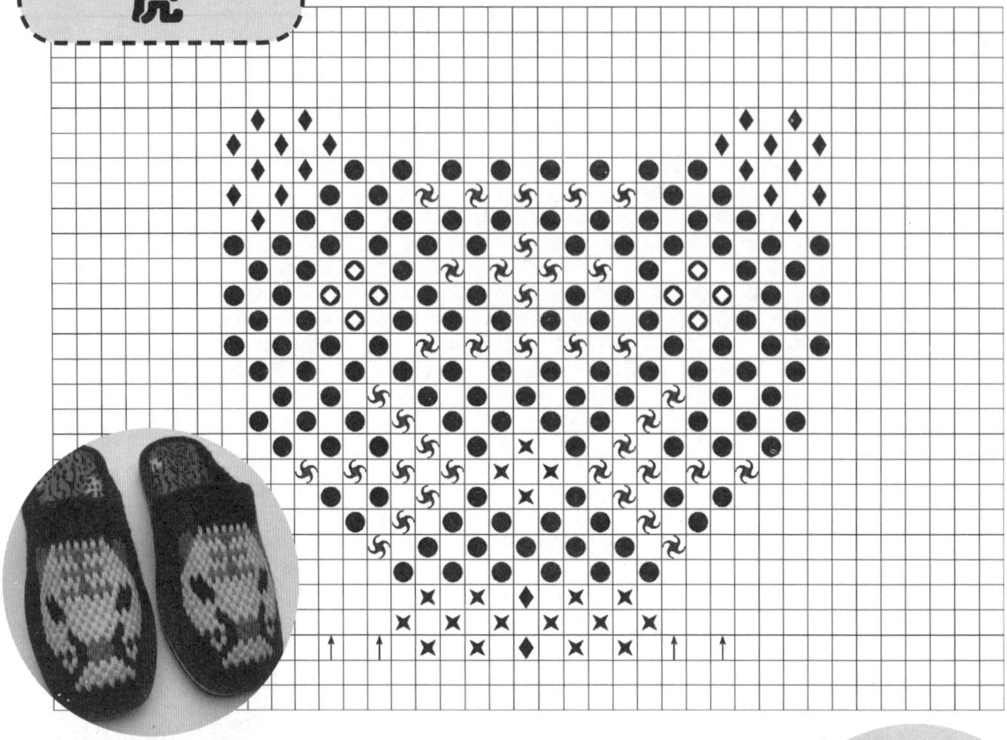

猪

建议：无

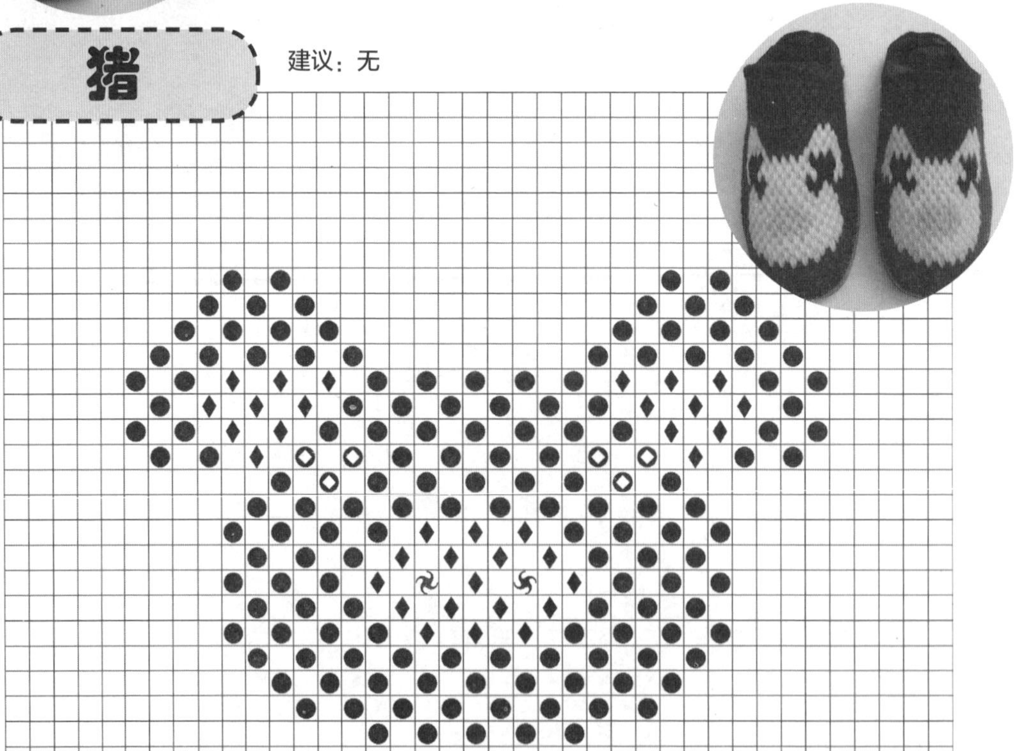

兔

建议：10 针起花

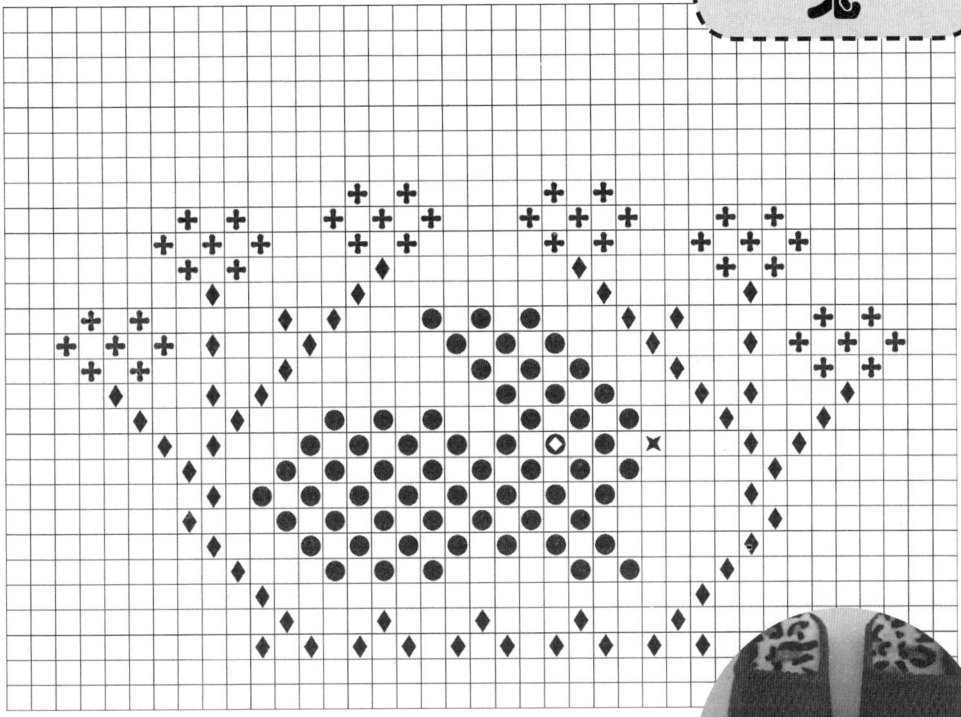

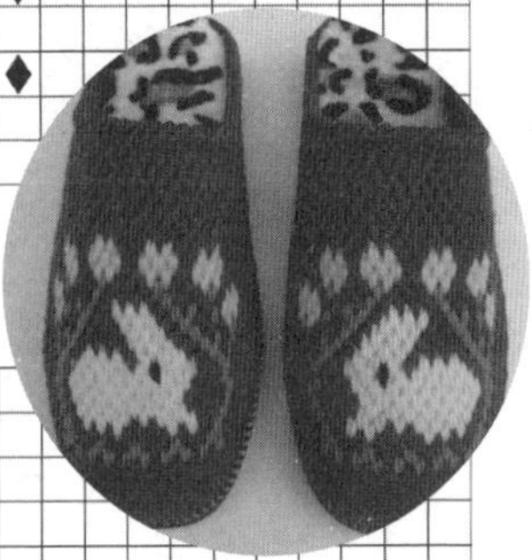

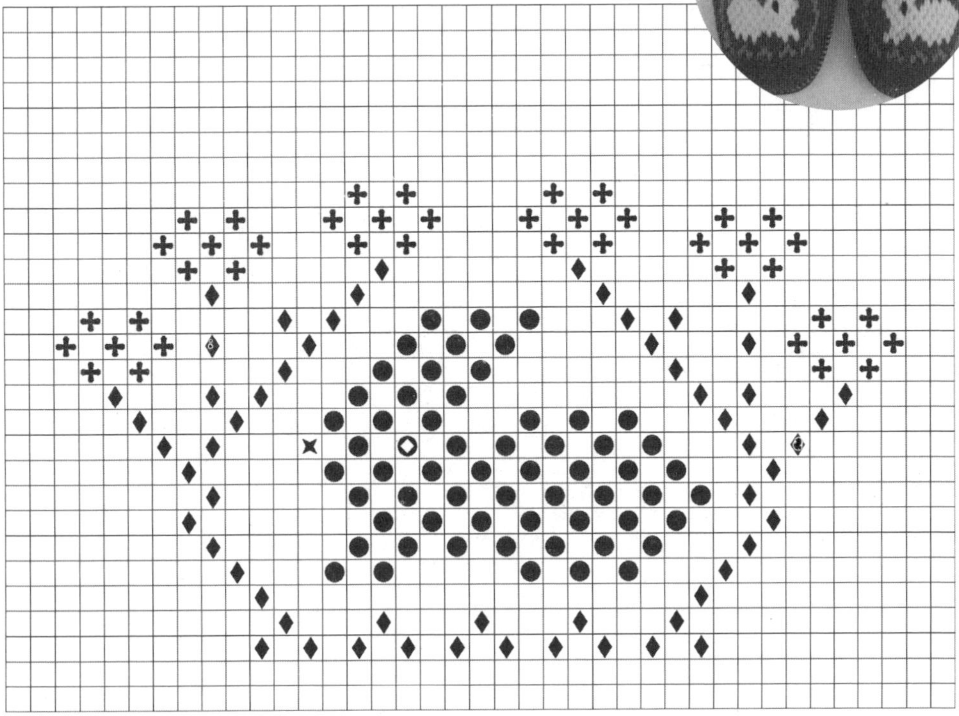

龙

建议：7 针起花

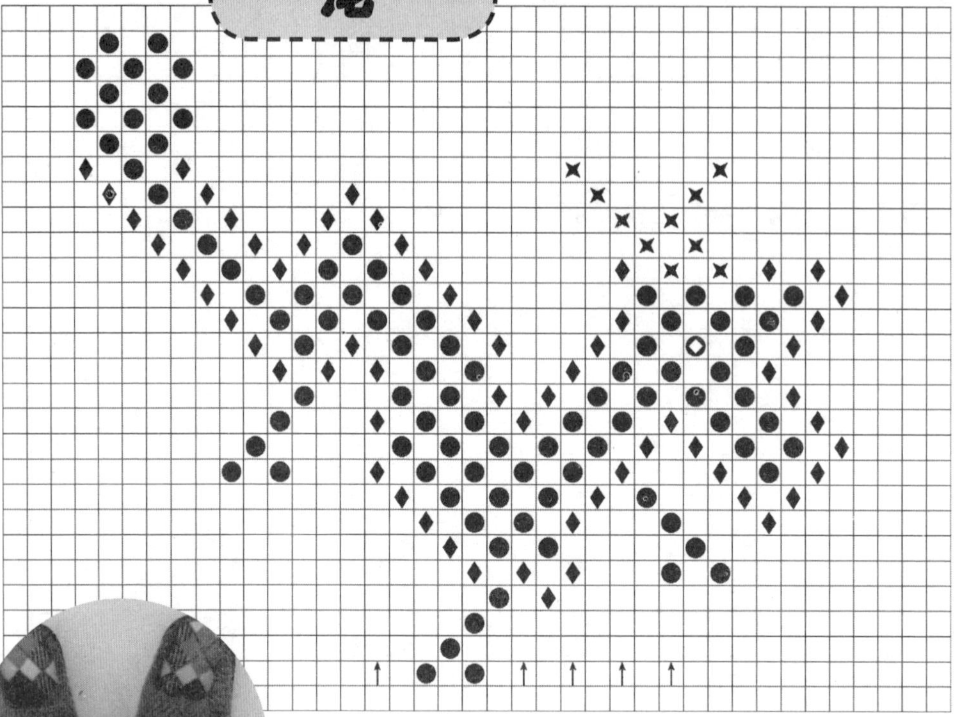

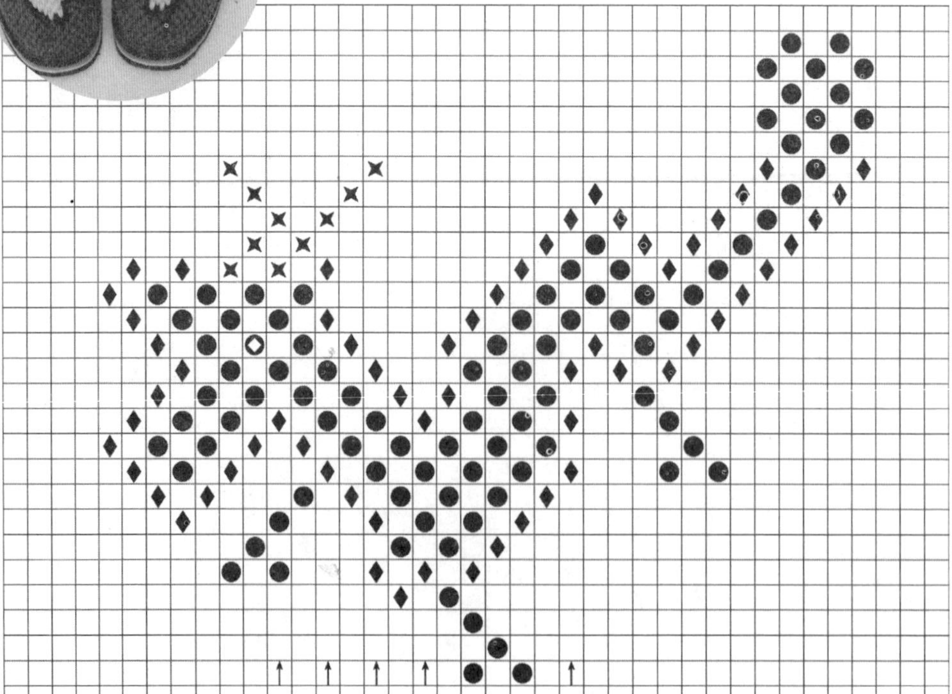

蛇

建议：无

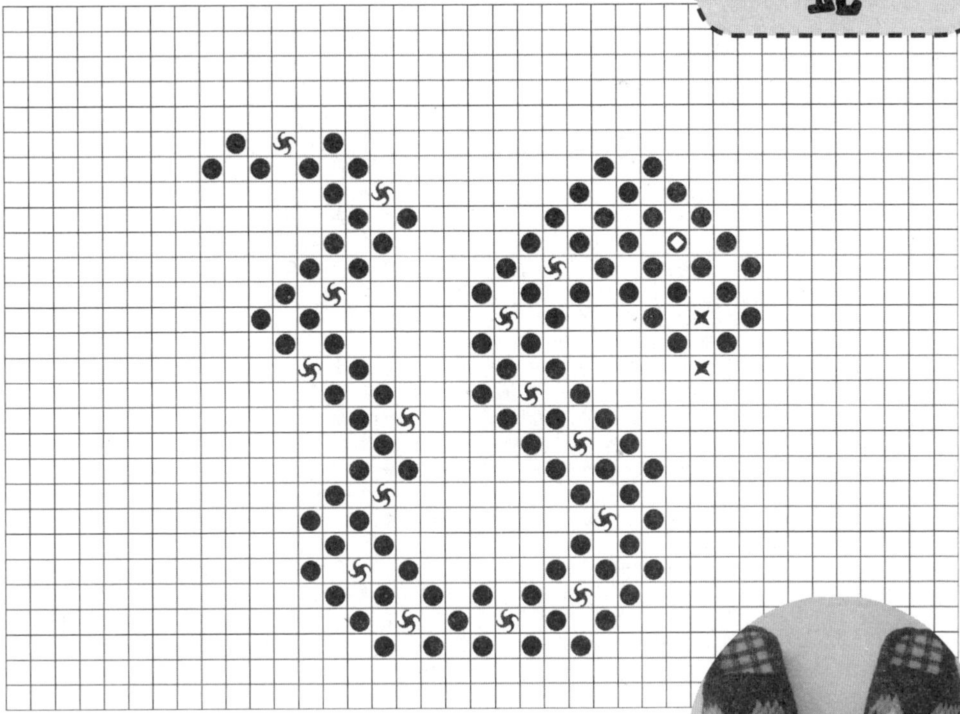

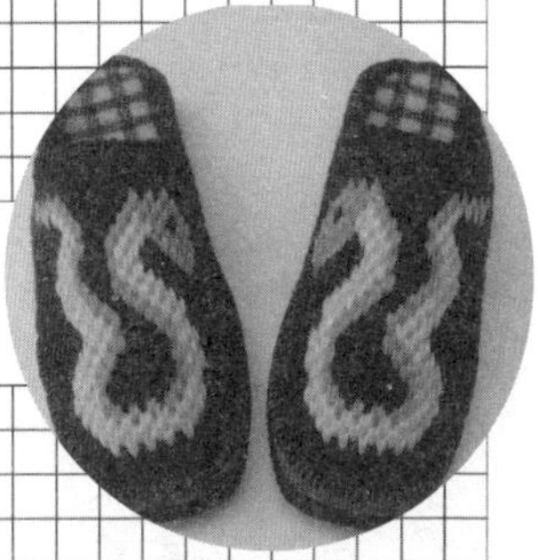

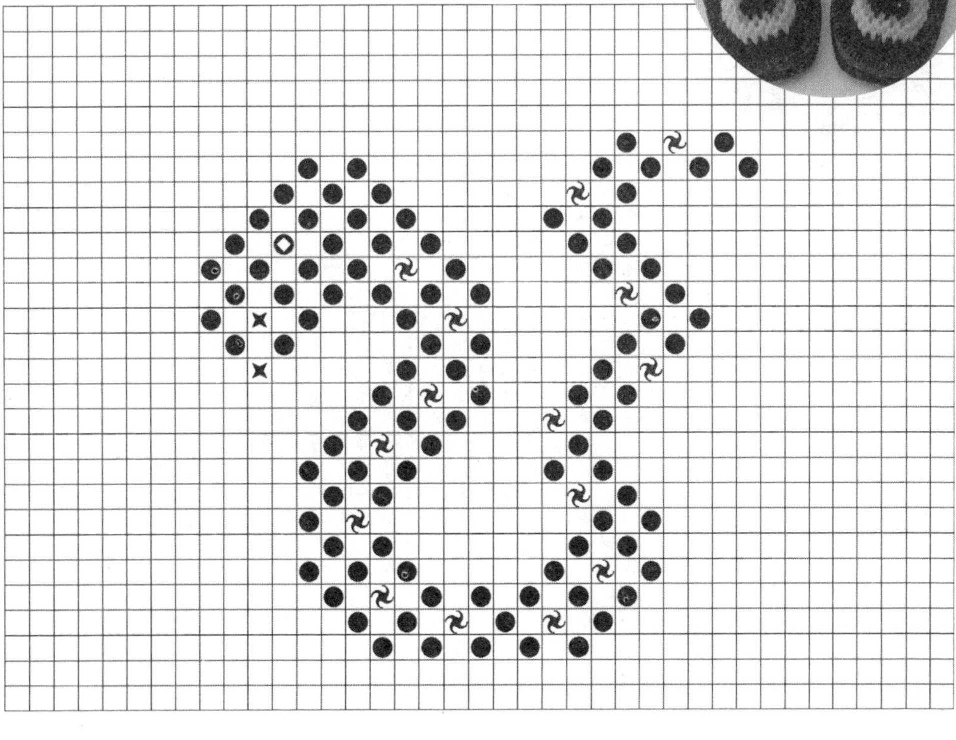

马

建议：12针起花

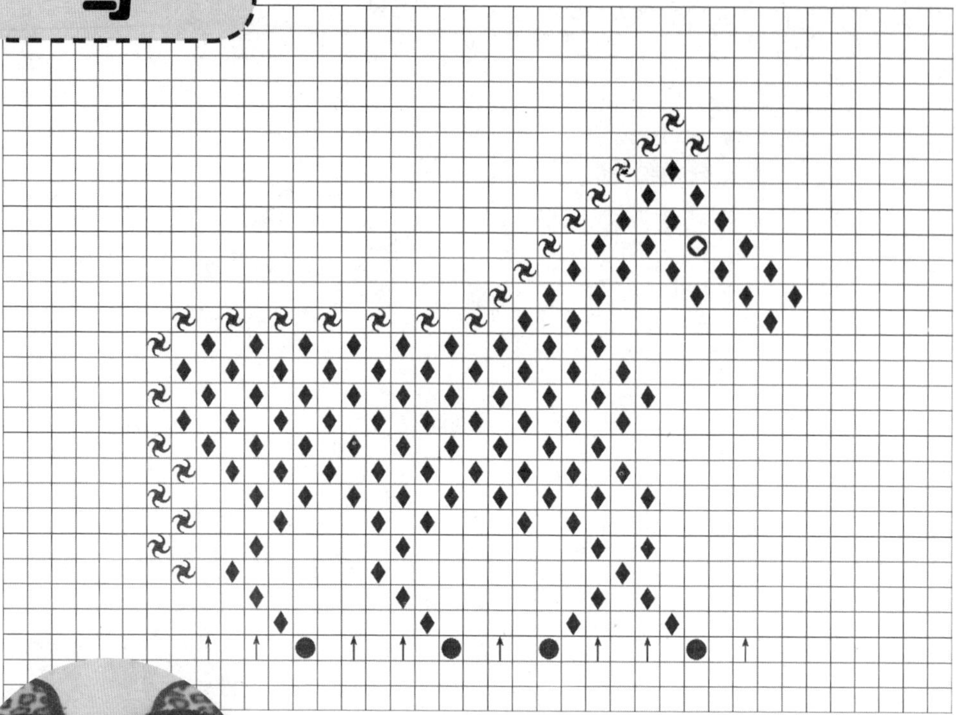

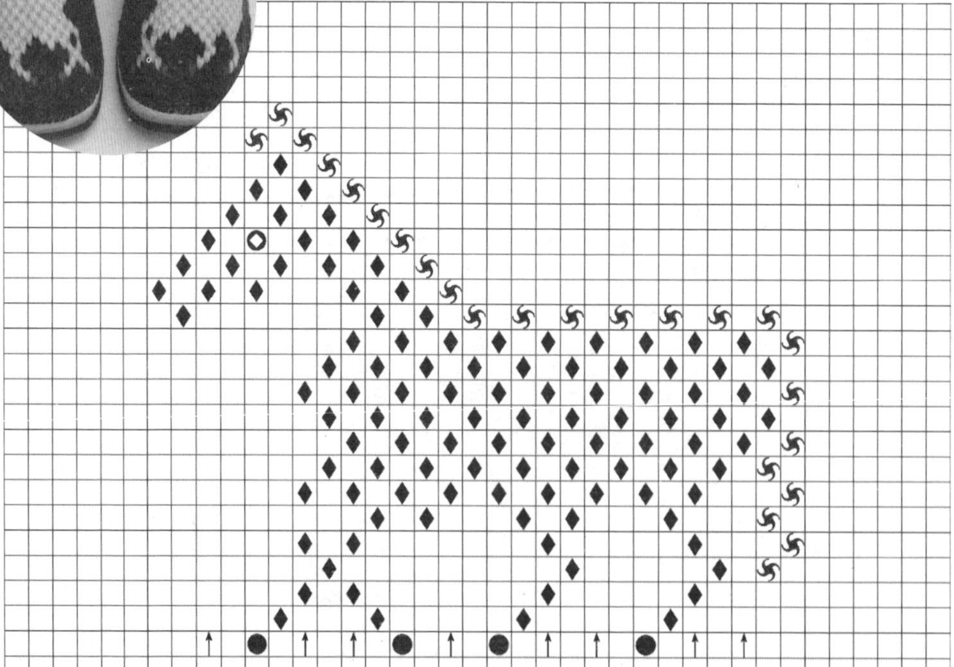

羊

建议：10针起花

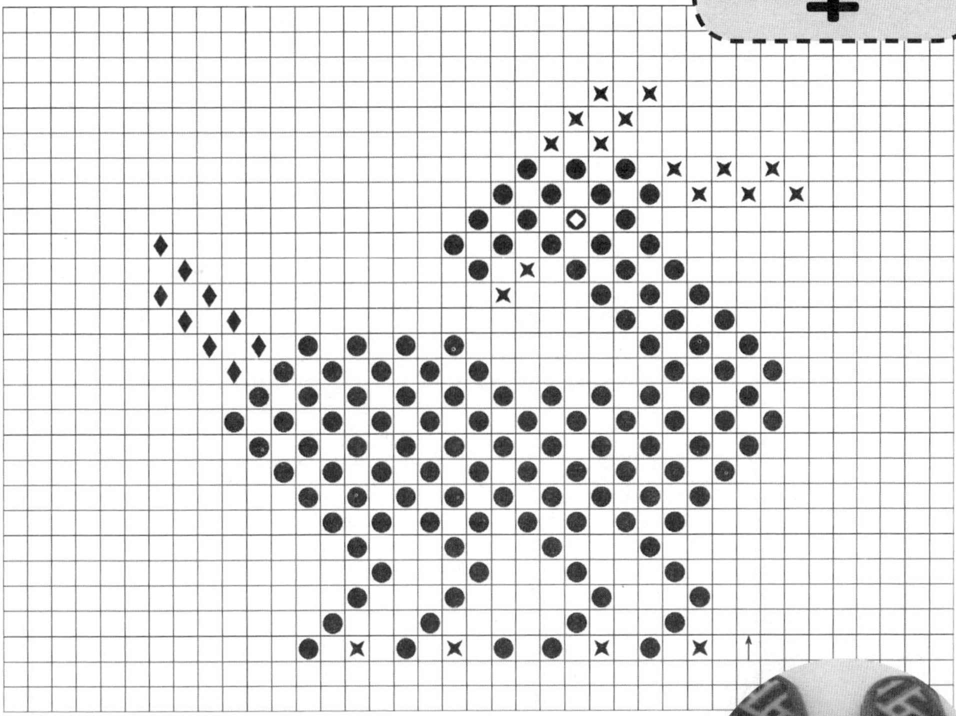

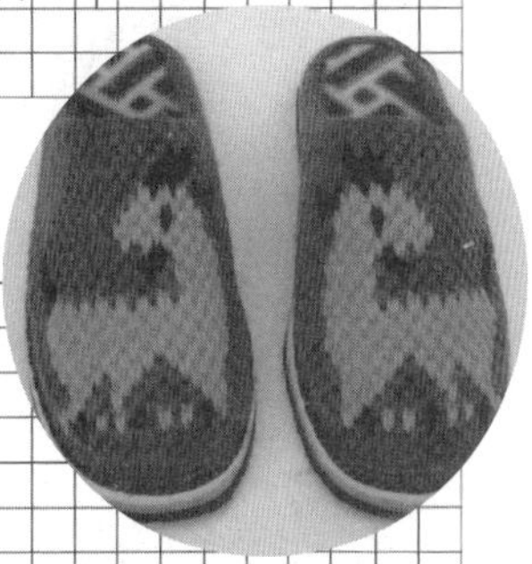

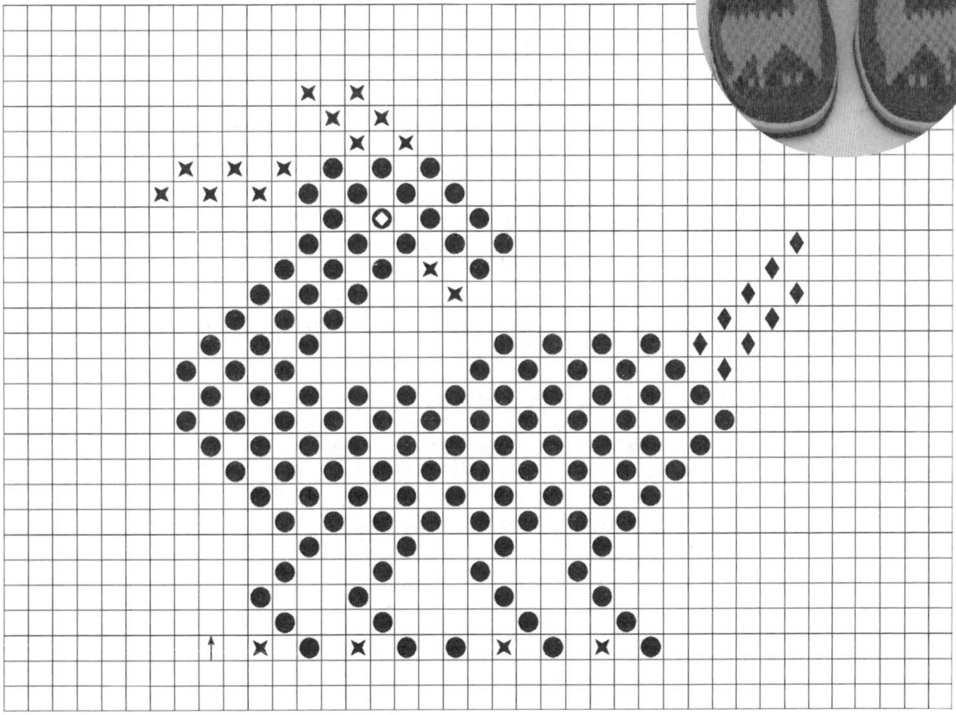

猴

建议：7 针起花

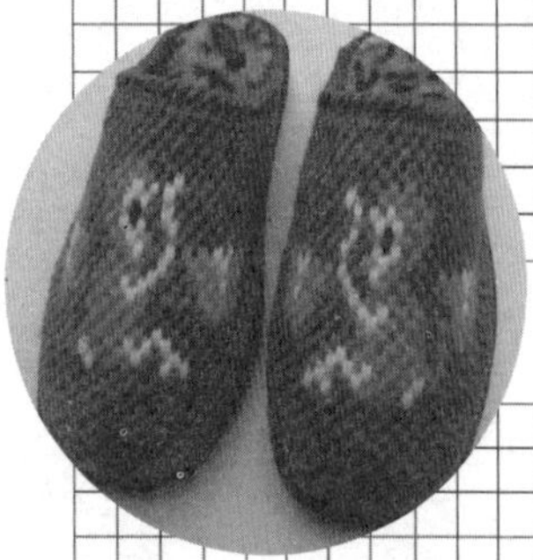

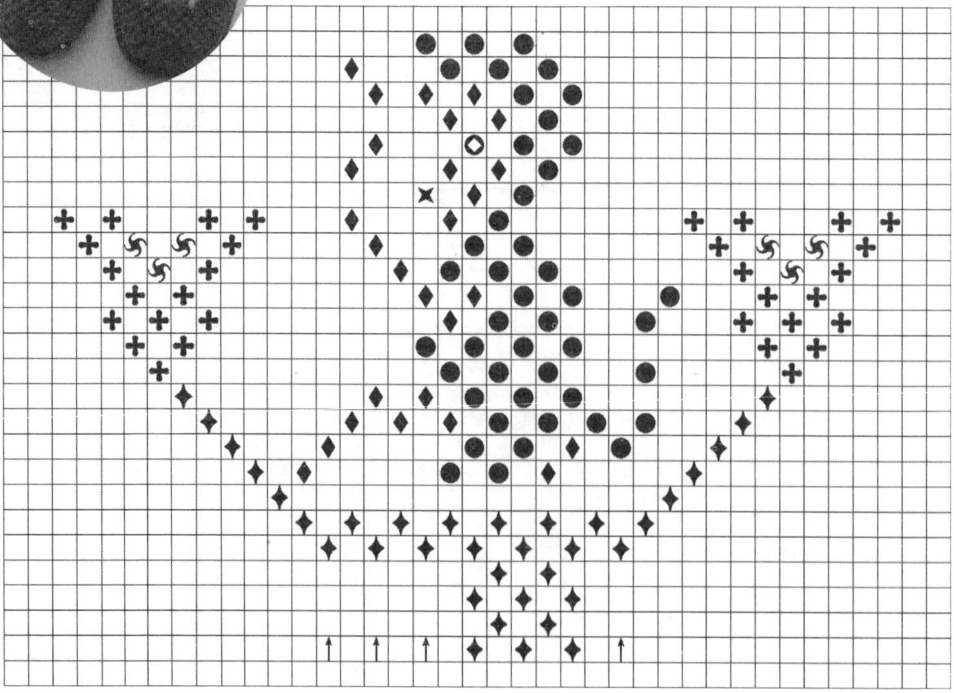

鸡

建议：8针起花

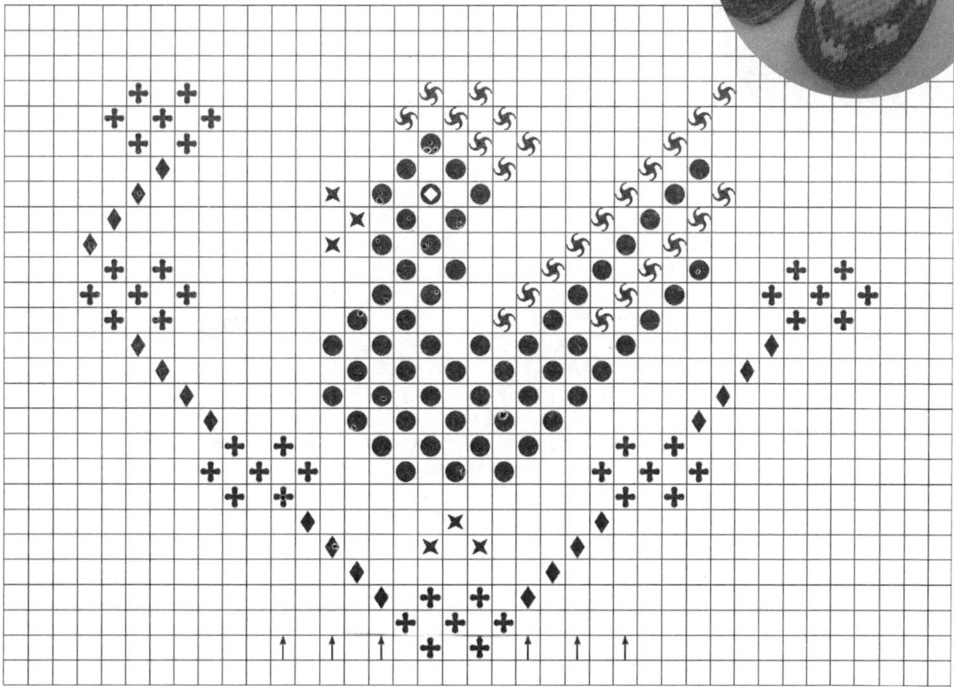

狗

建议：12 针起花

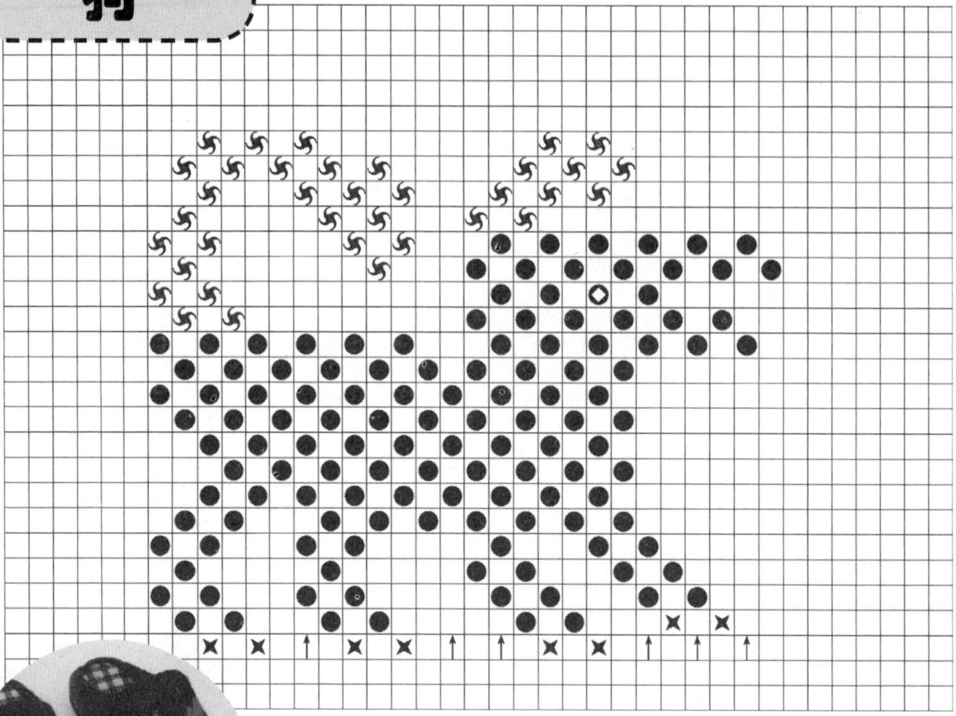

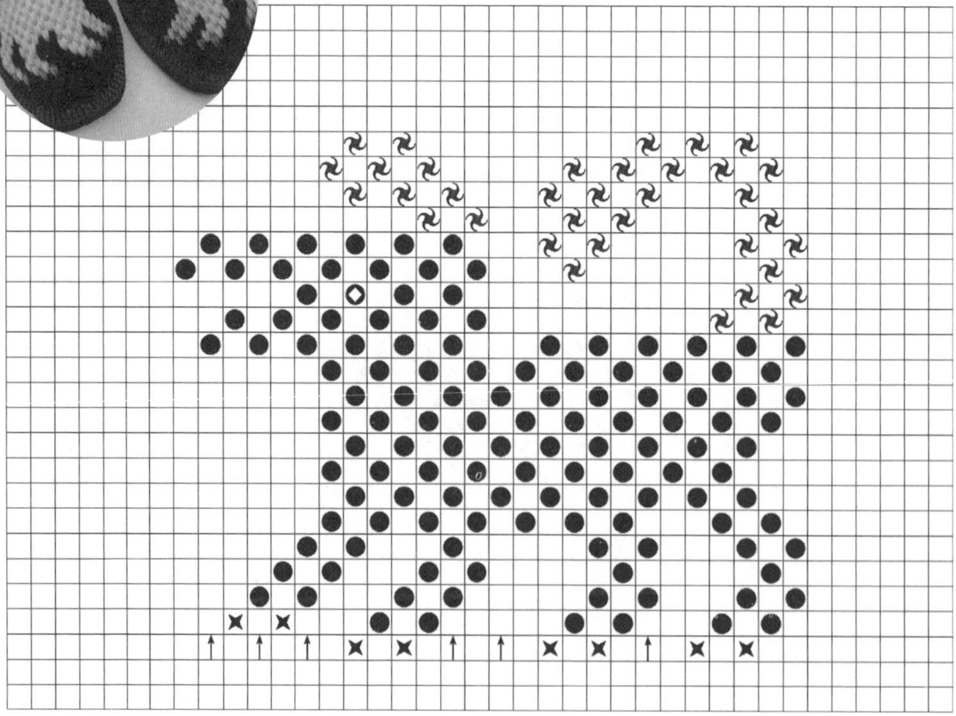

熊宝宝

建议：11 针起花

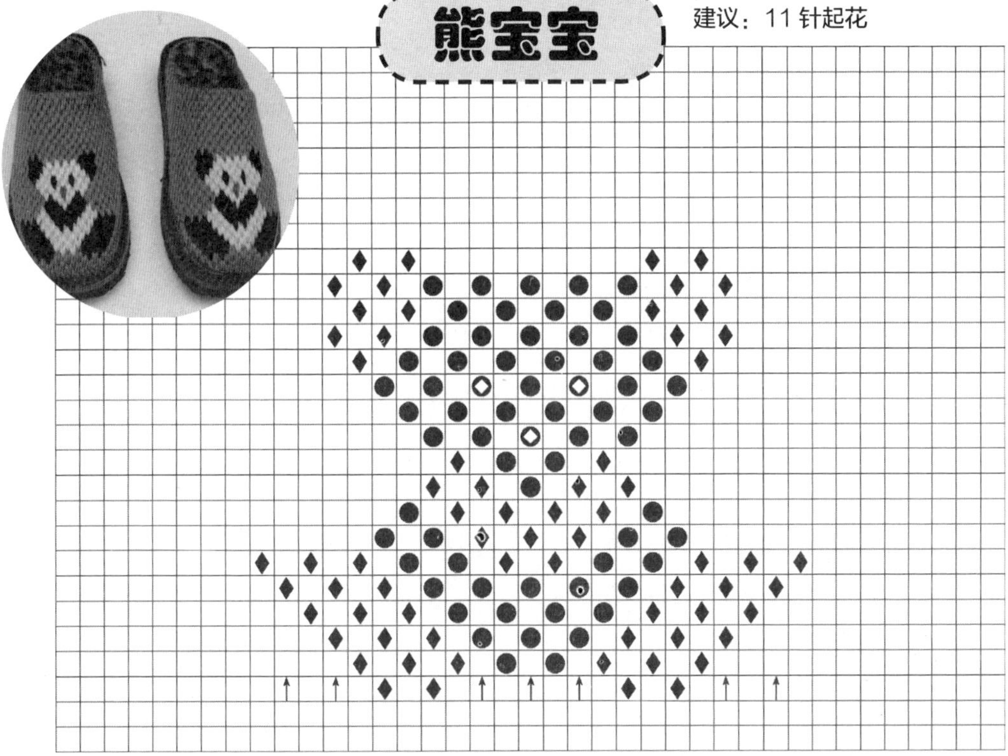

快乐兔

建议：8 针起花

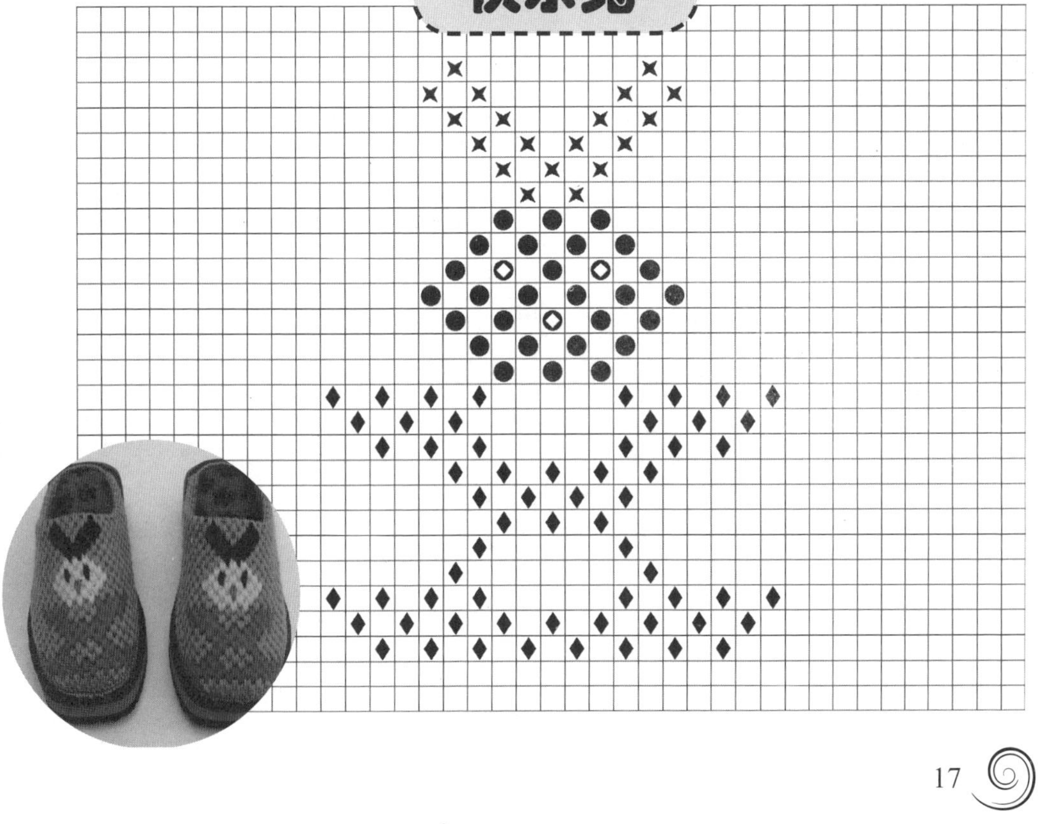

长耳兔

建议：9针起花

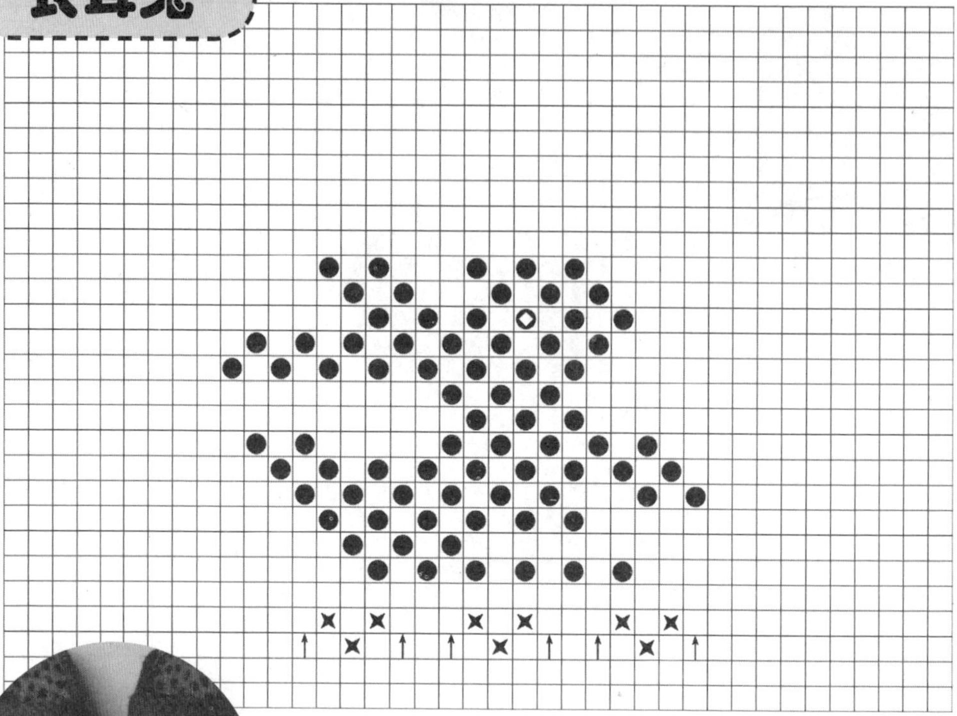

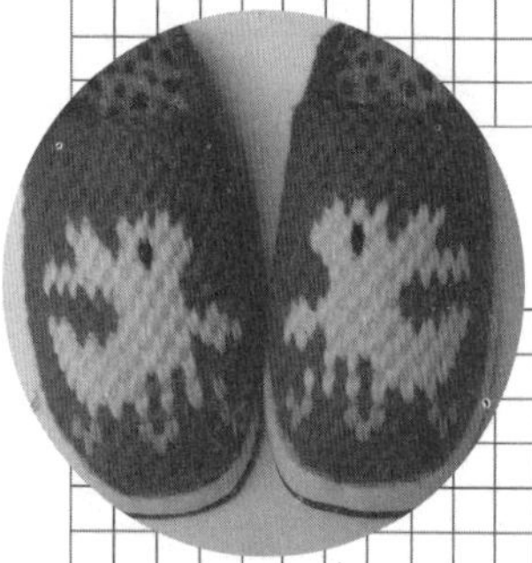

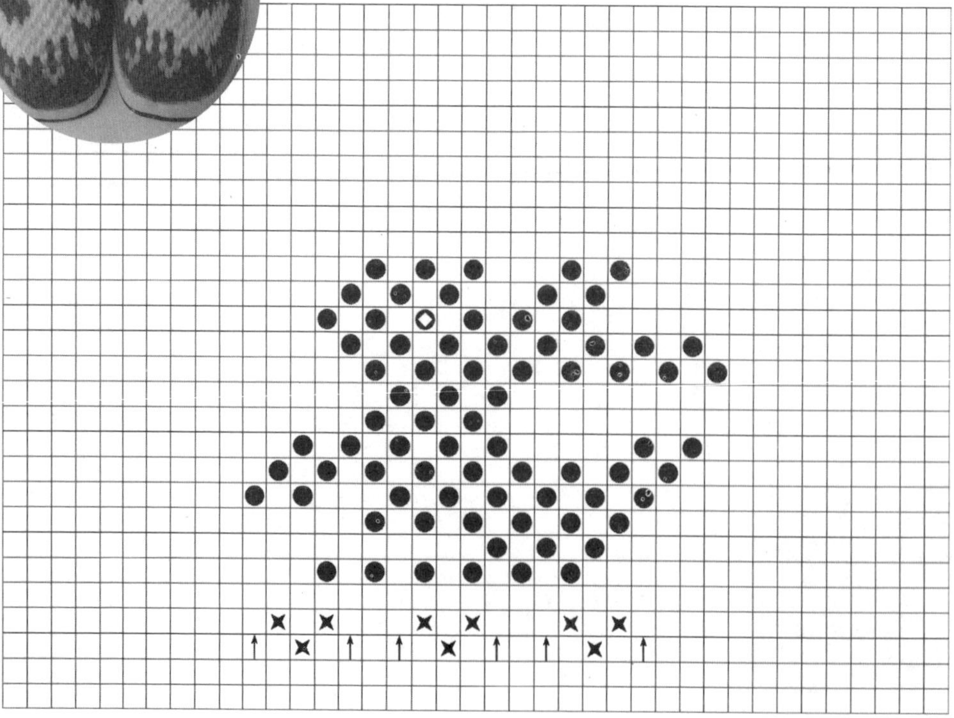

骆驼

建议：8 针起花

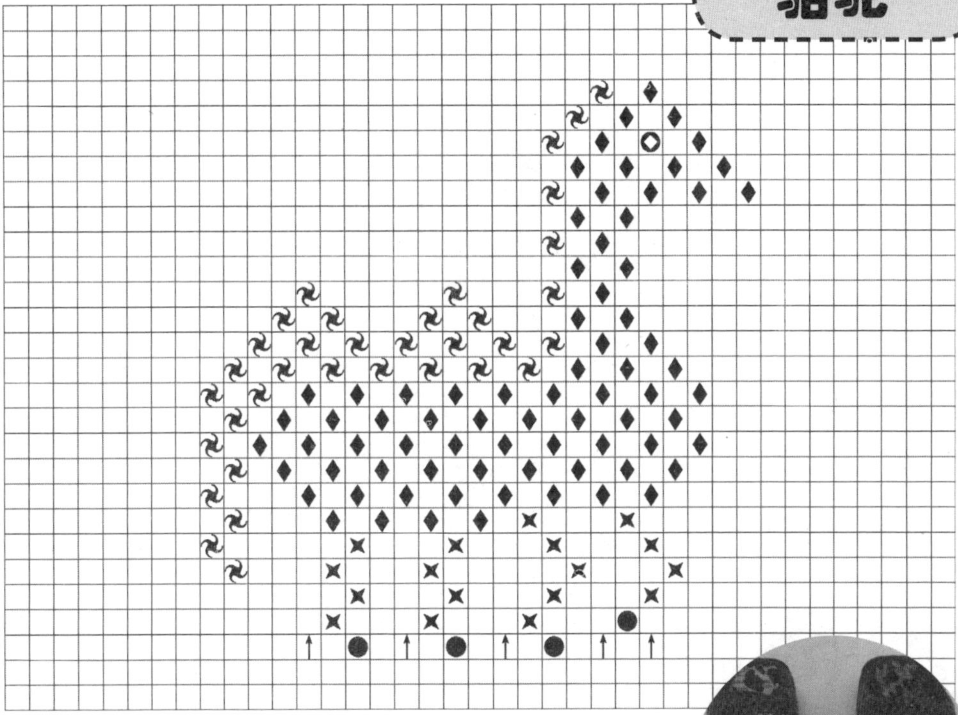

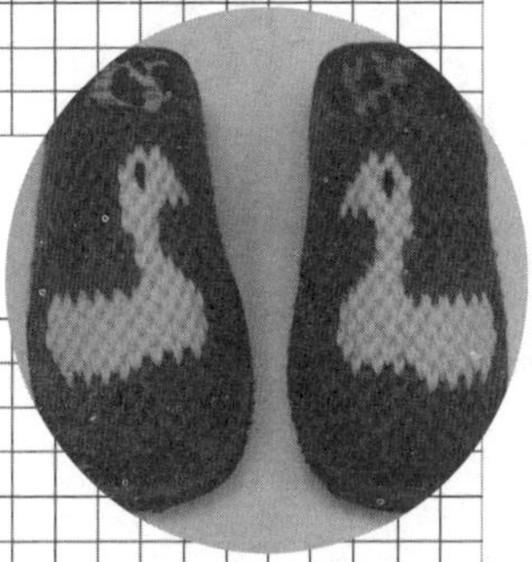

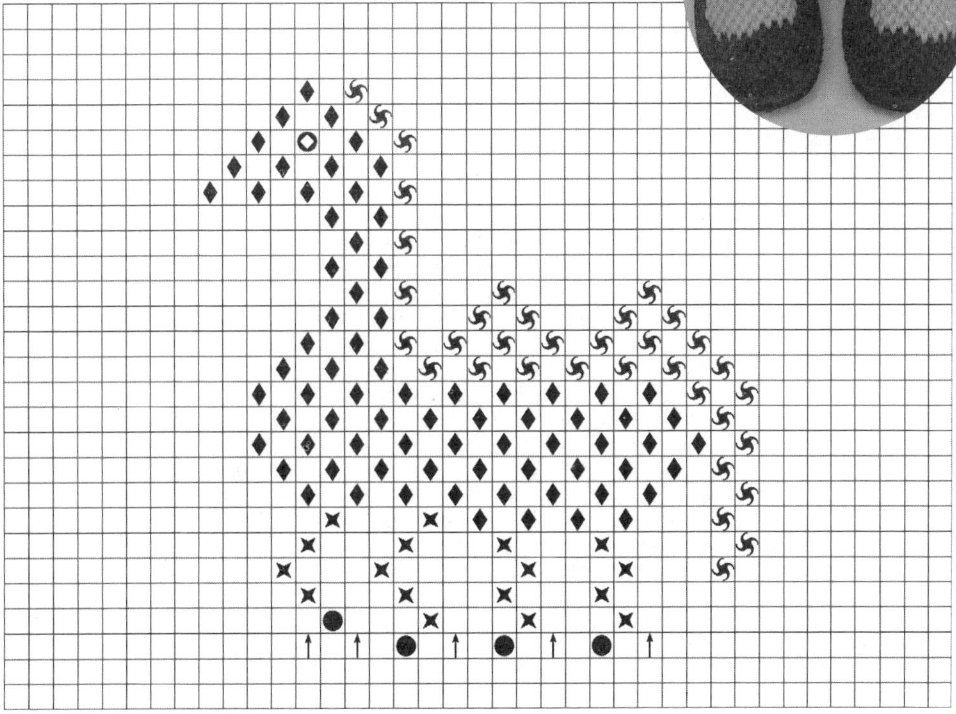

鹿

建议：9针起花

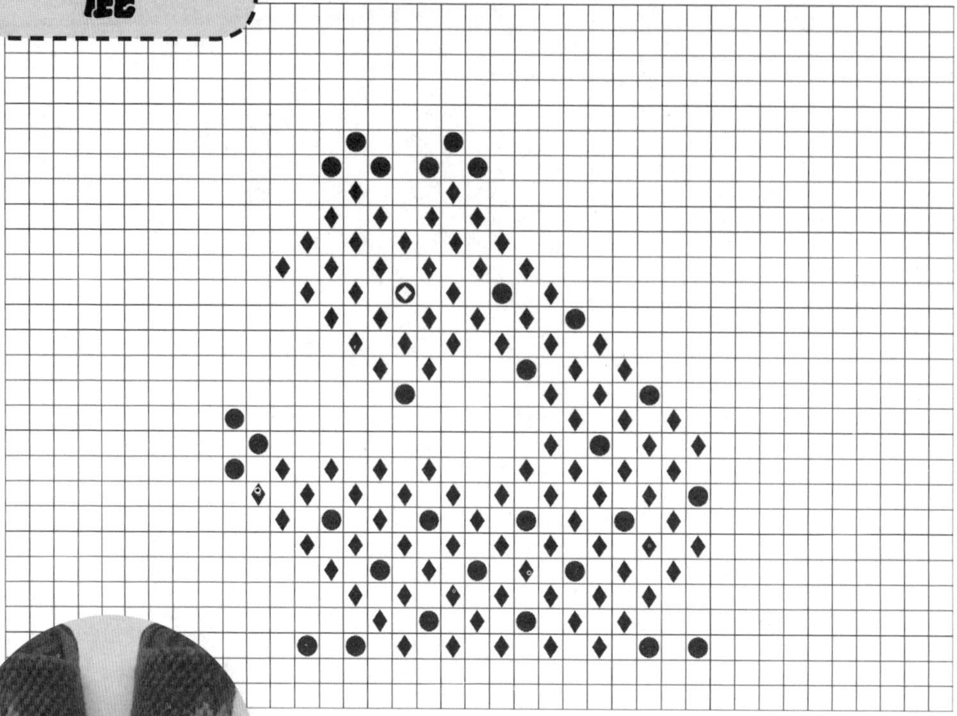

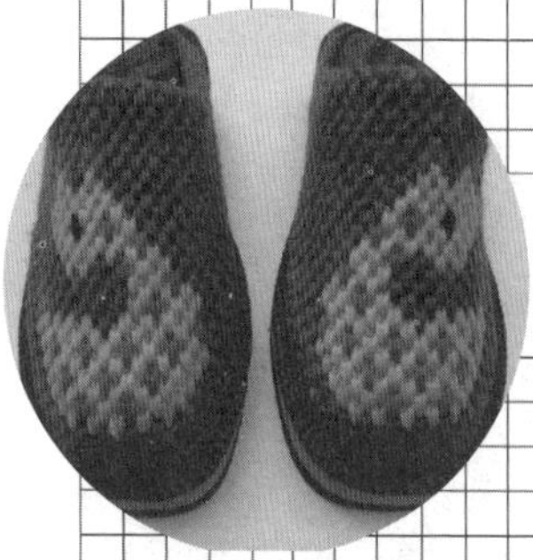

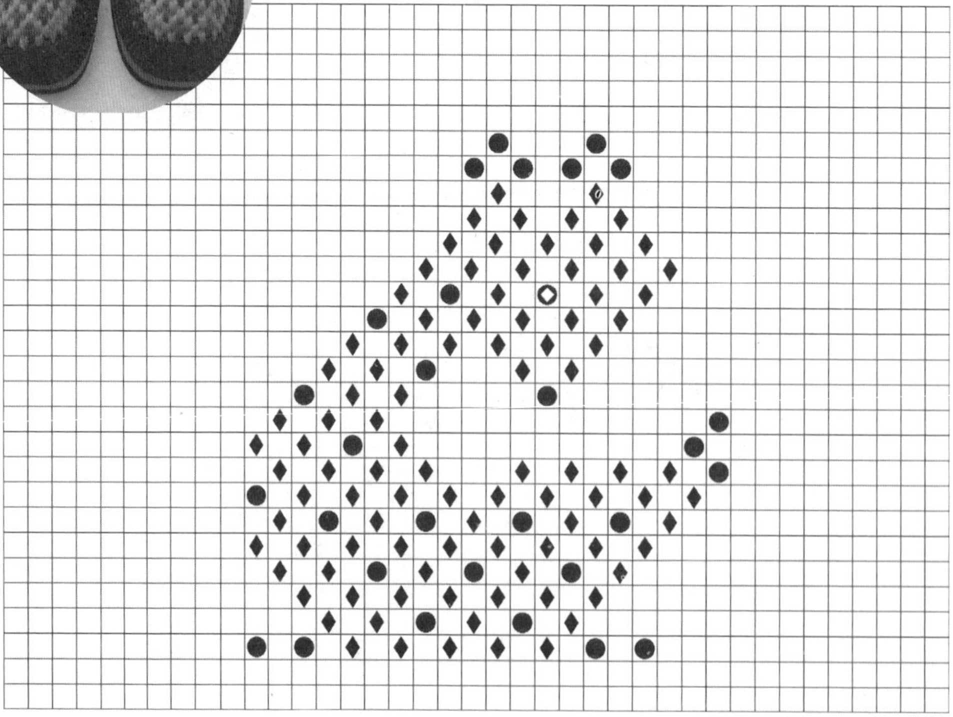

梅花鹿

建议：11 针起花

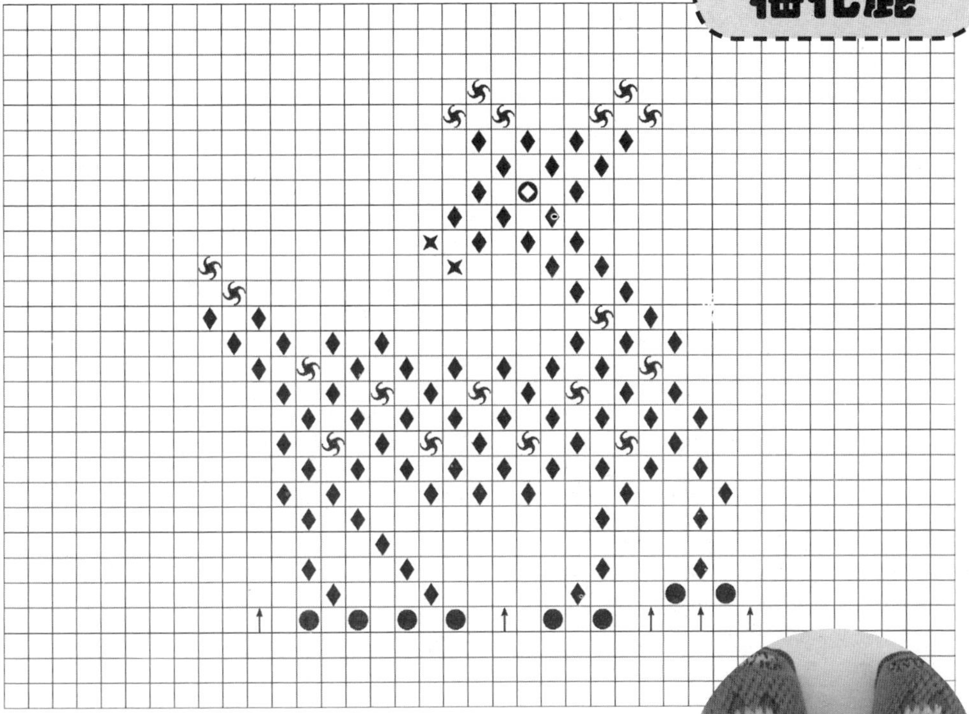

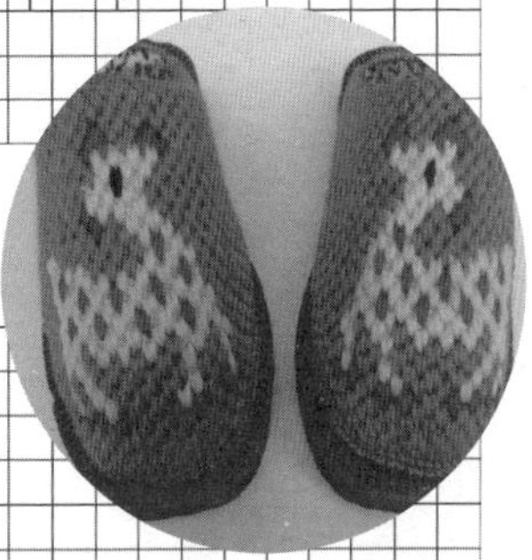

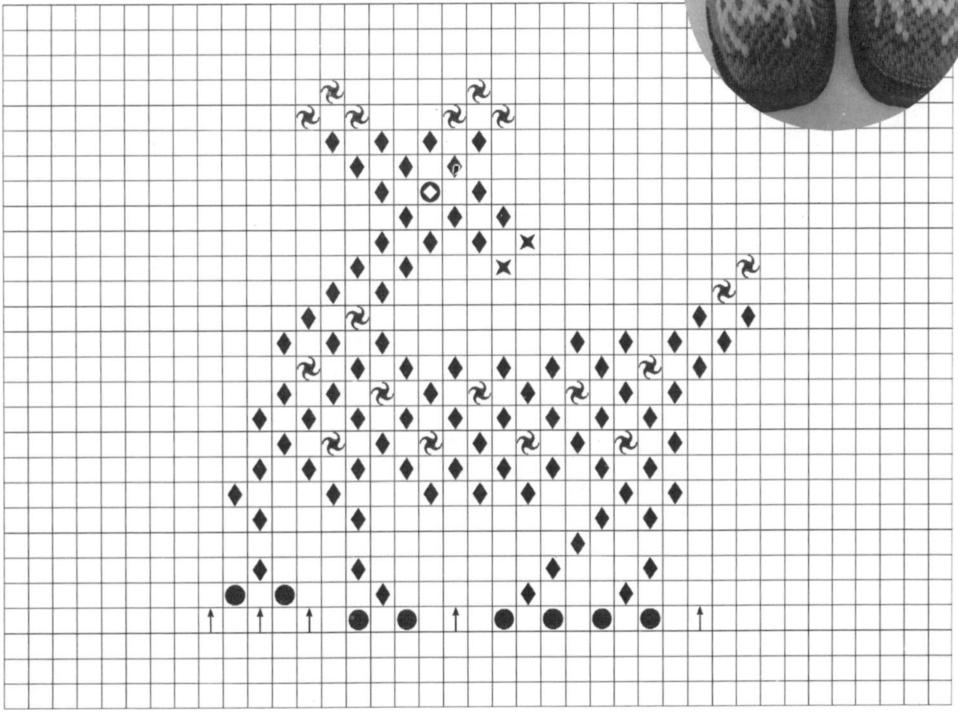

象

建议：10 针起花

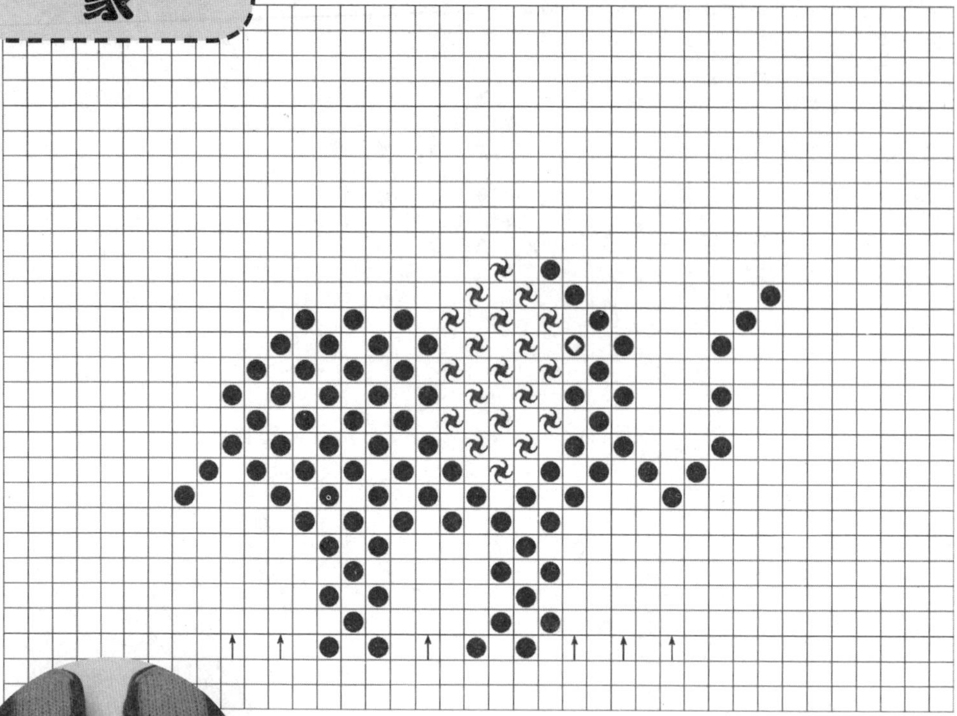

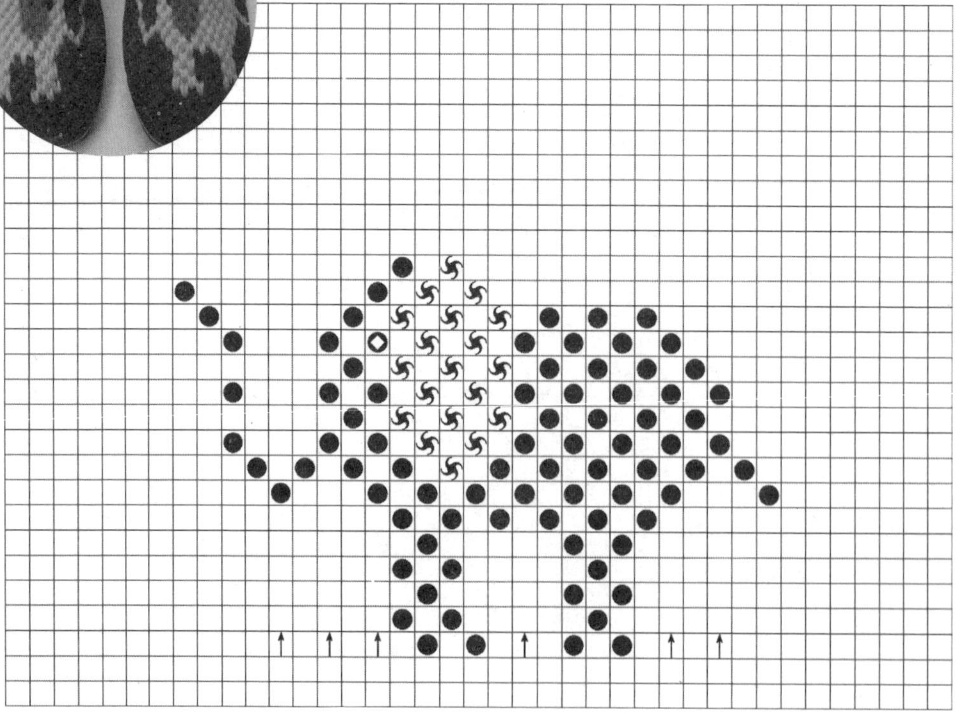

小猪

建议：10 针起花

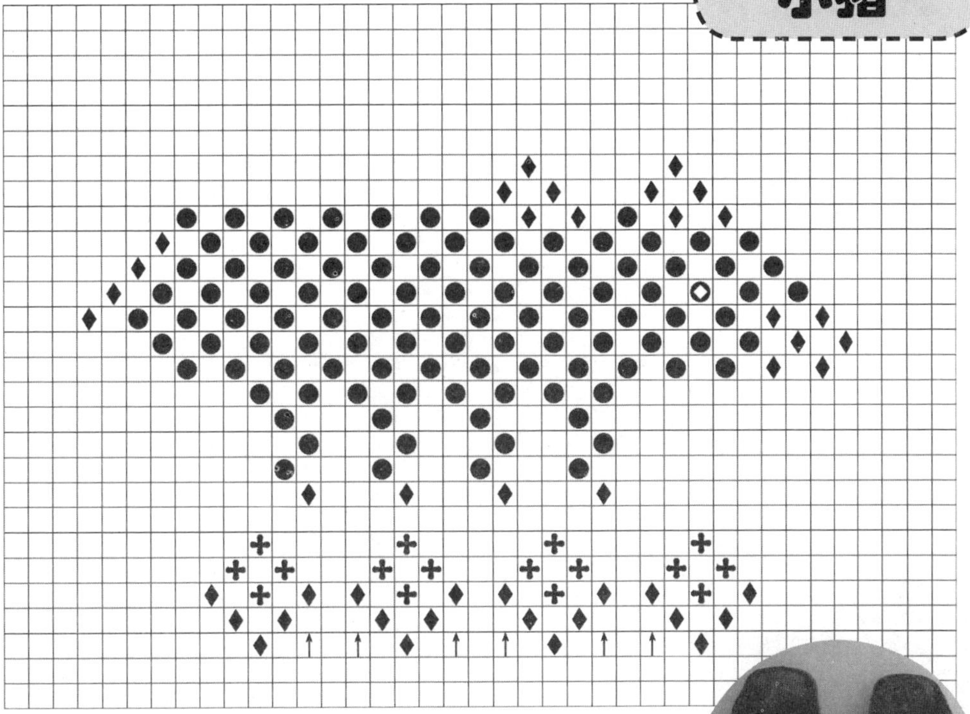

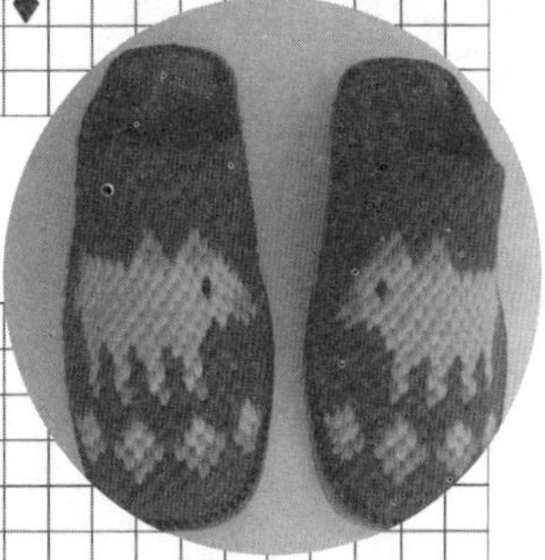

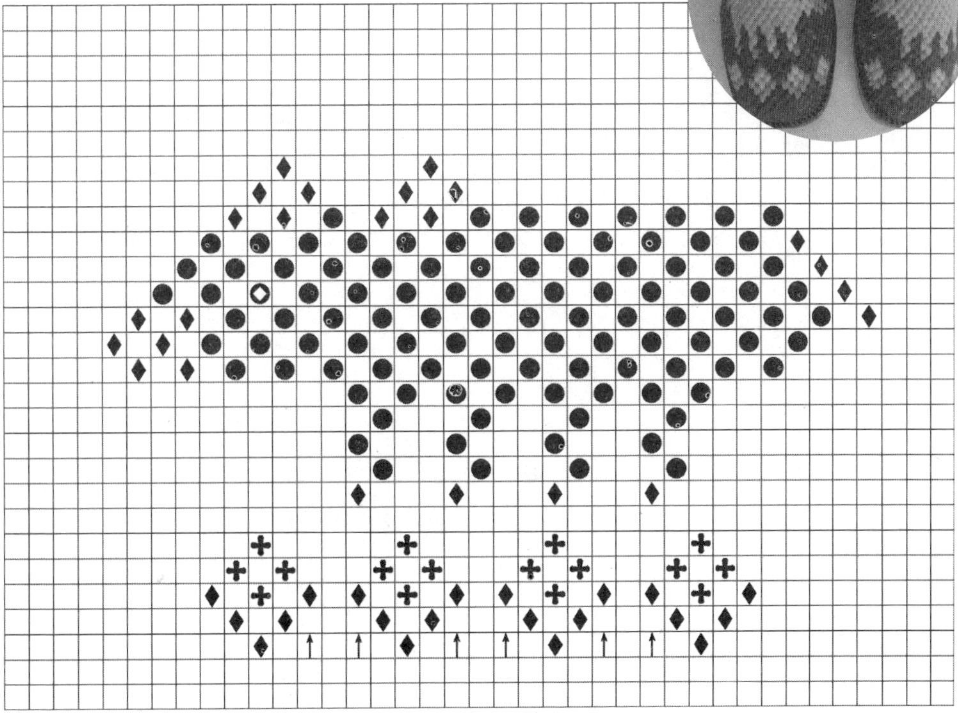

无尾熊

建议：8 针起花

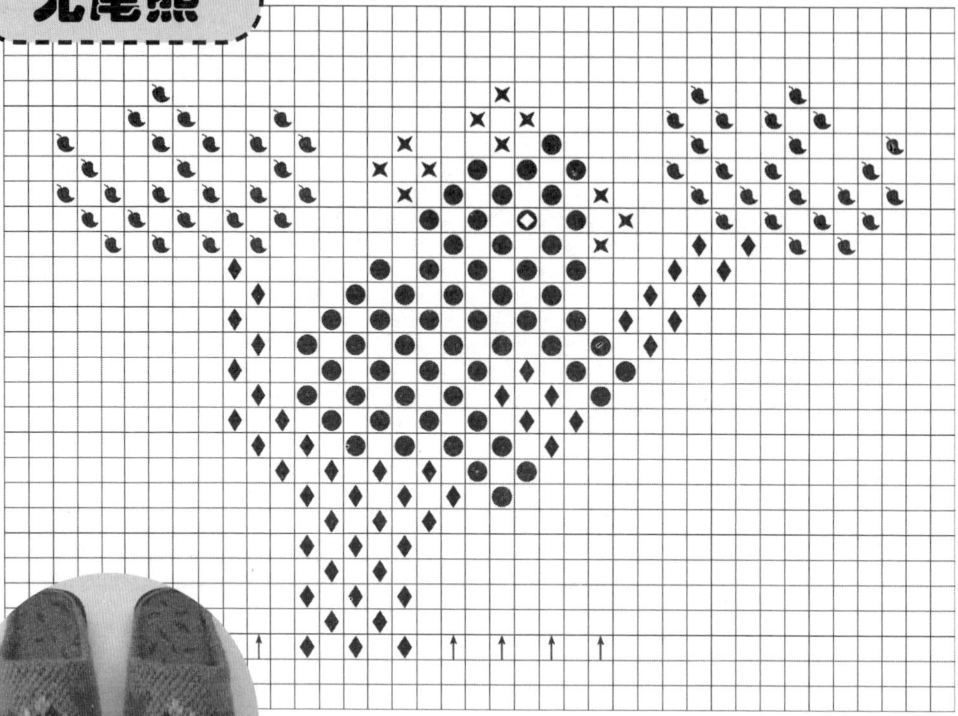

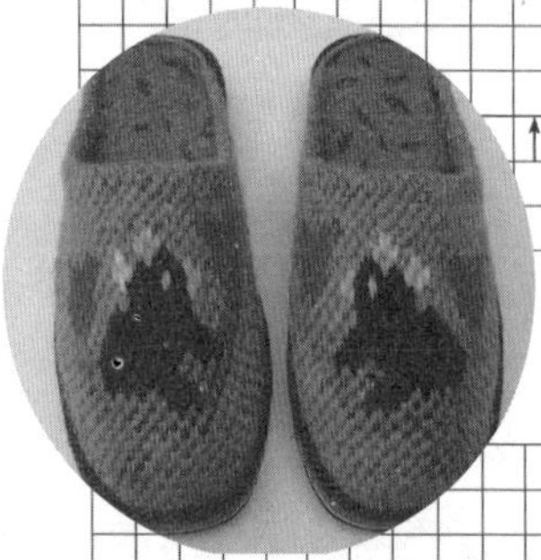

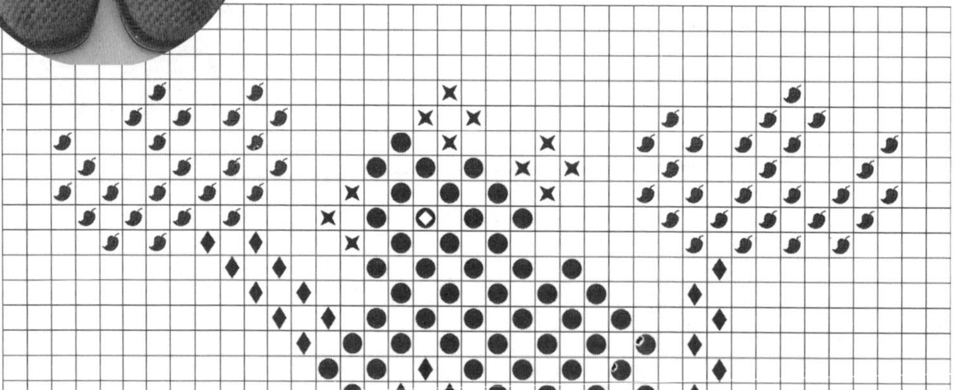

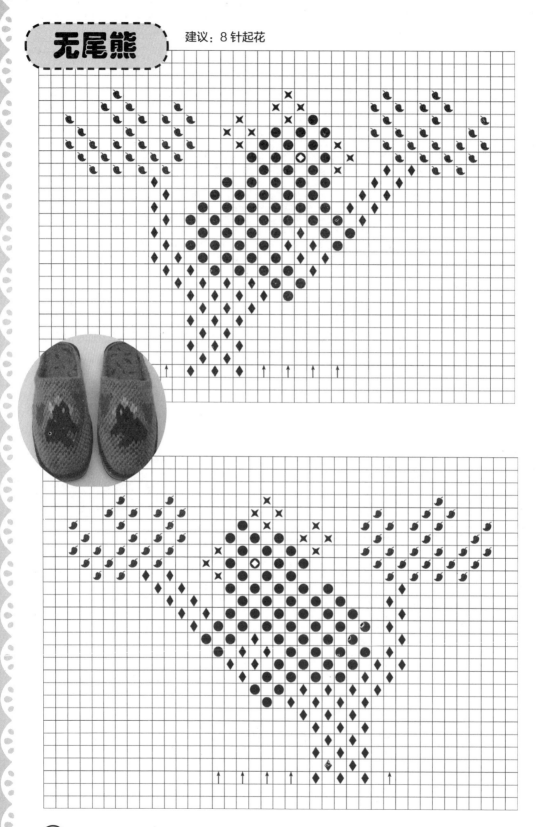

松鼠

建议：8针起花

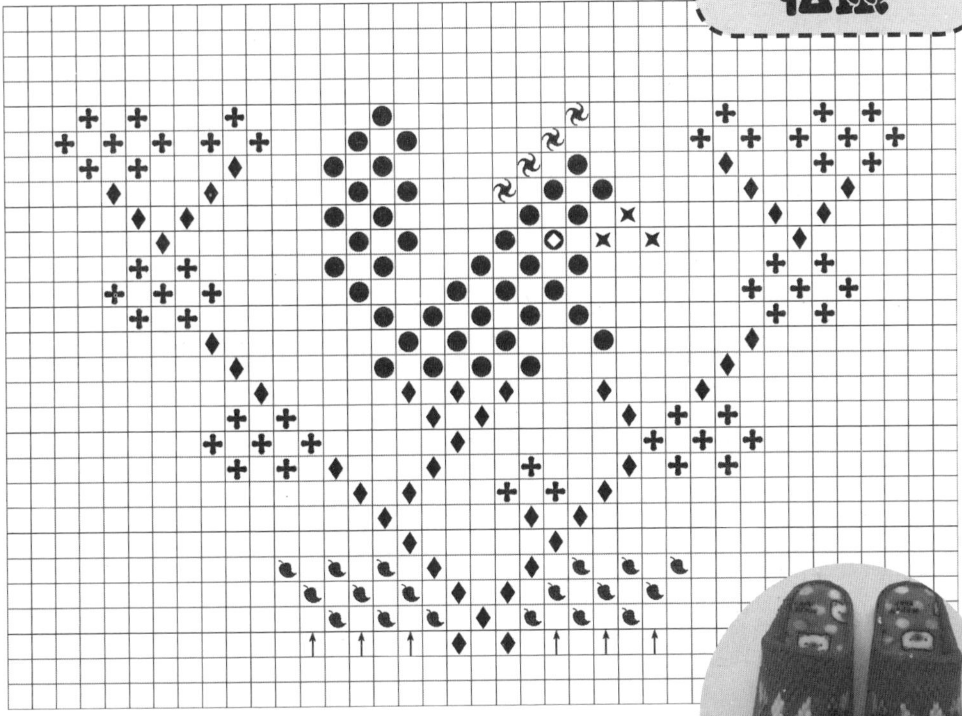

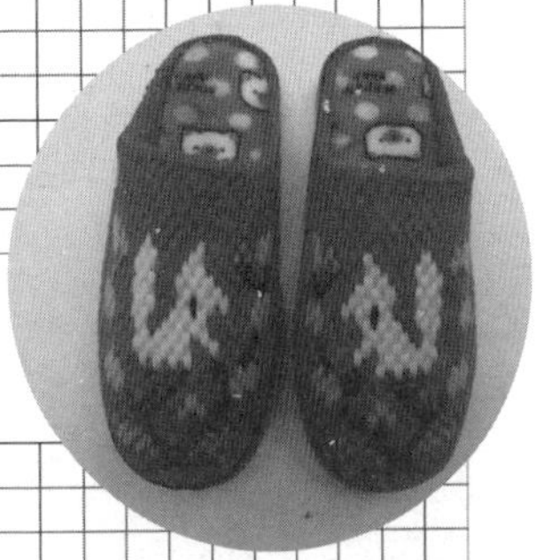

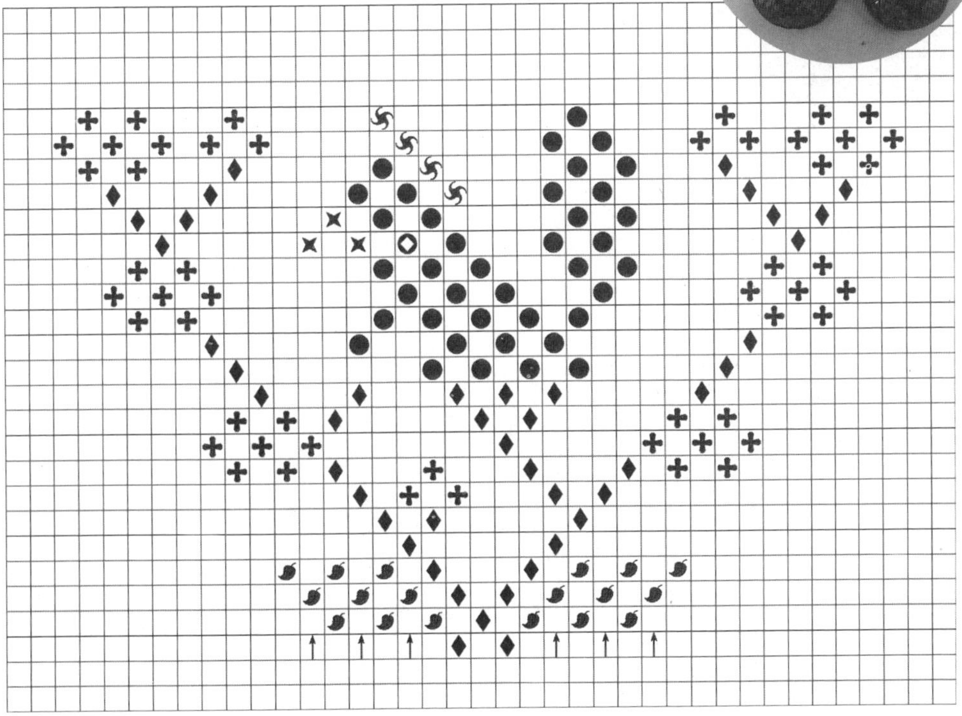

玩耍

建议：8 针起花

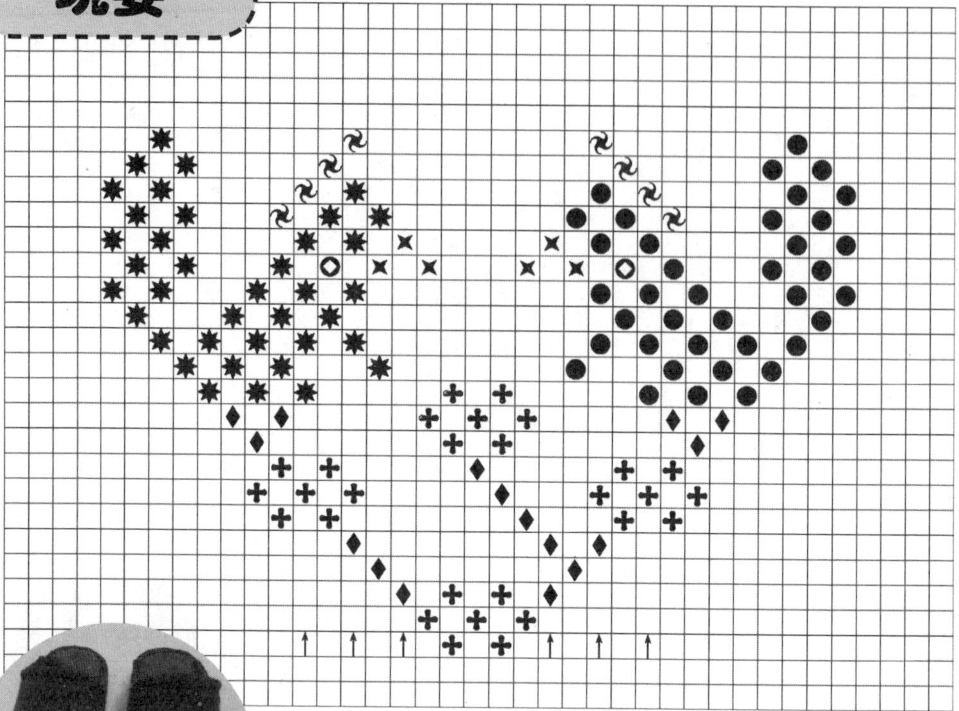

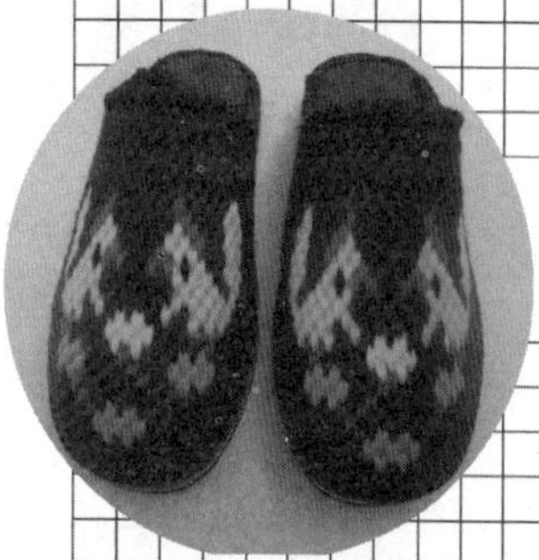

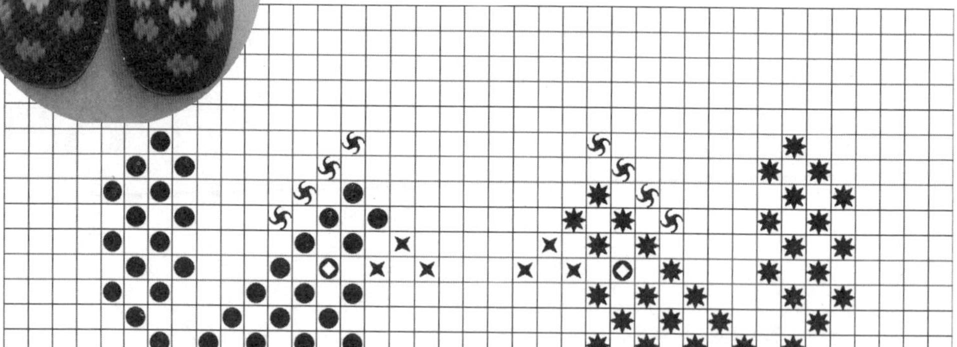

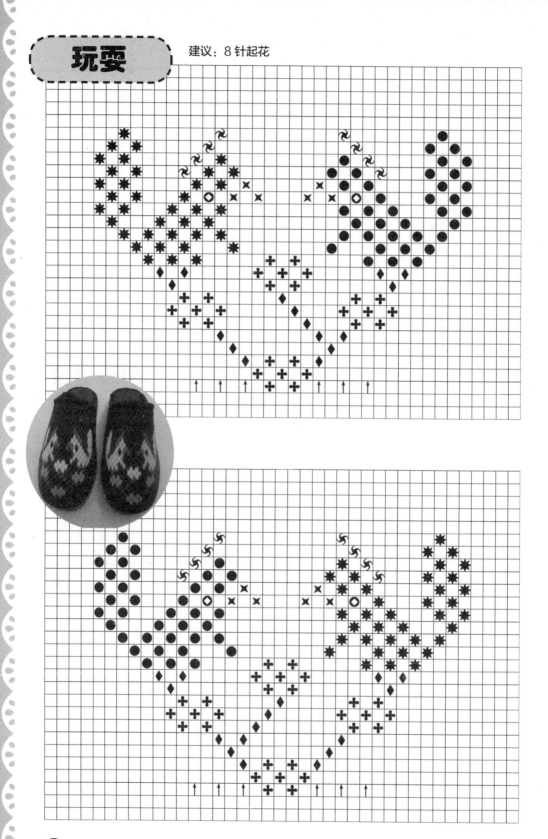

眺望

建议：9针起花

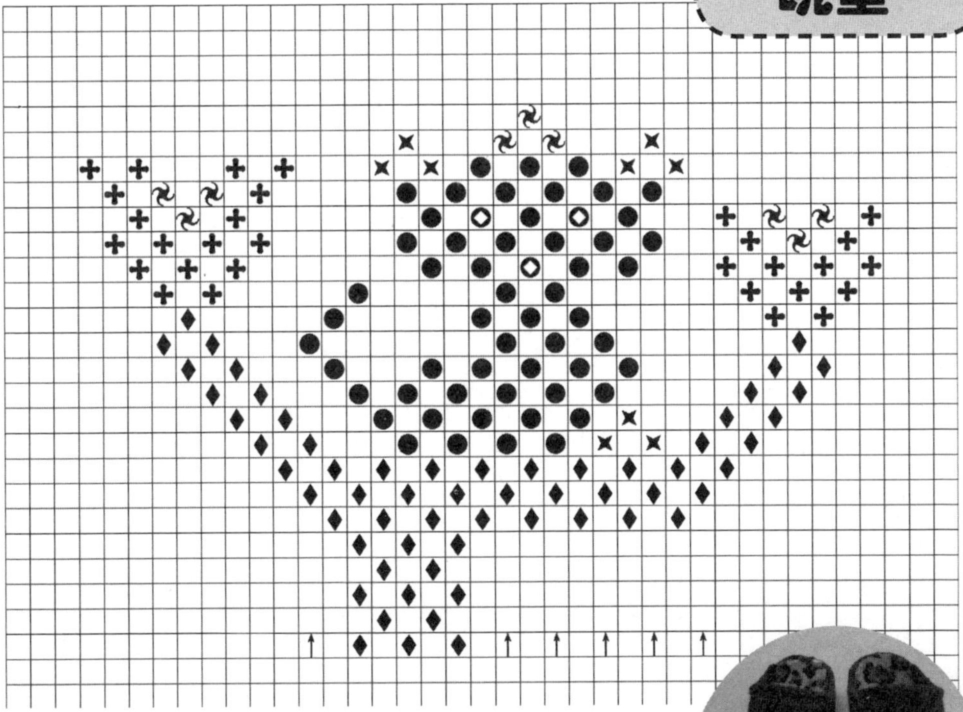

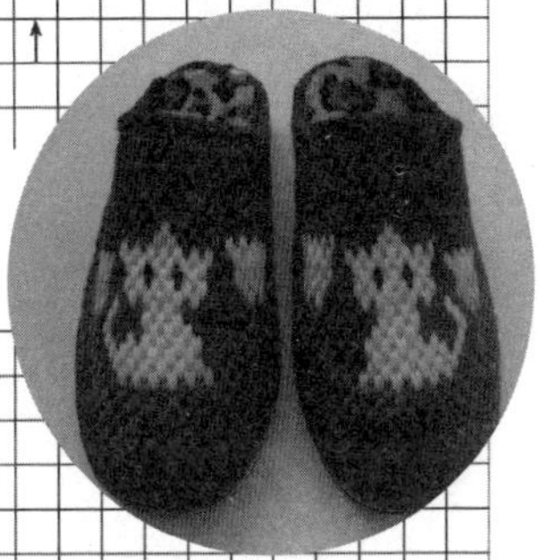

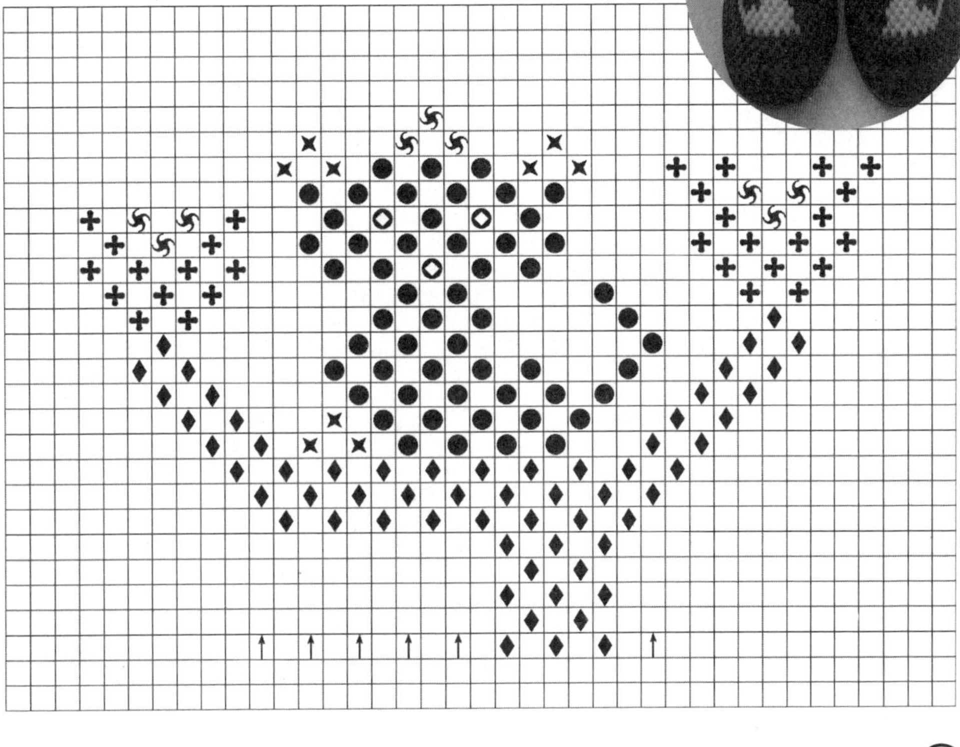

猫咪

建议：9针起花

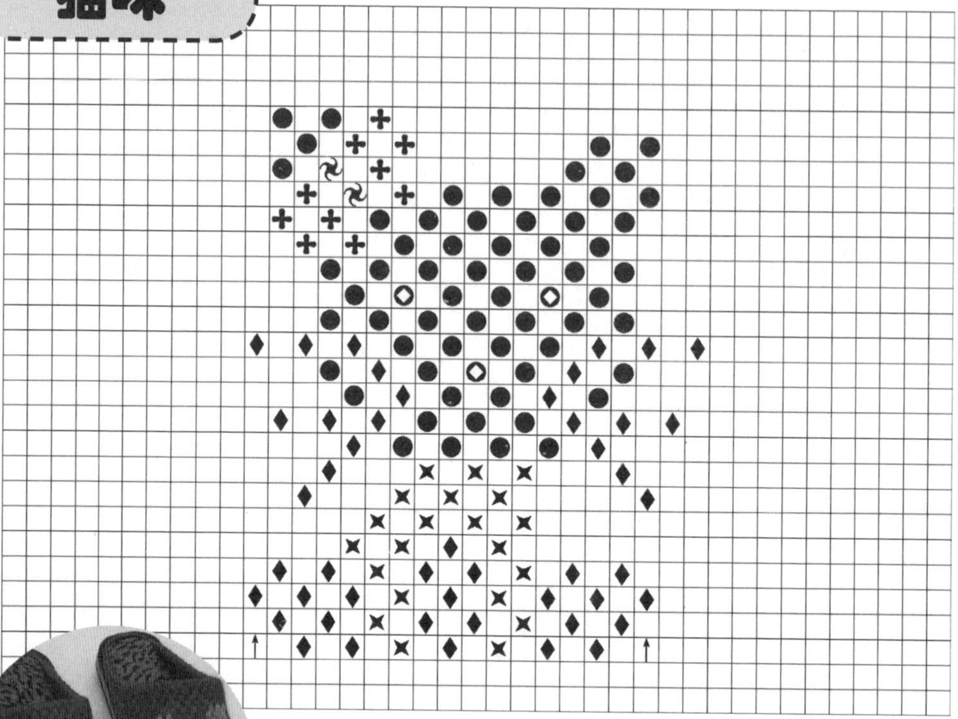

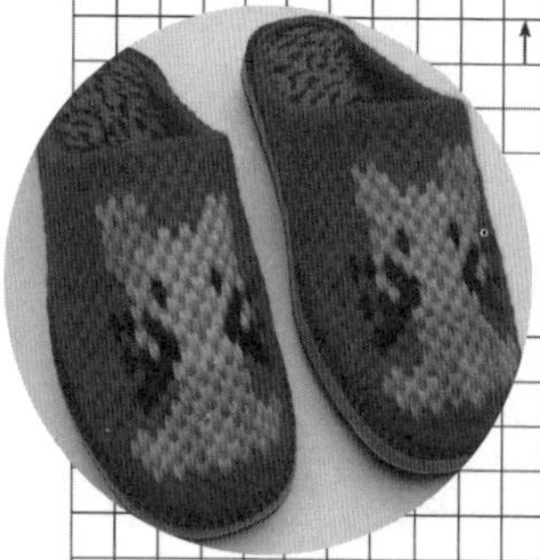

小狗

建议：9针起花

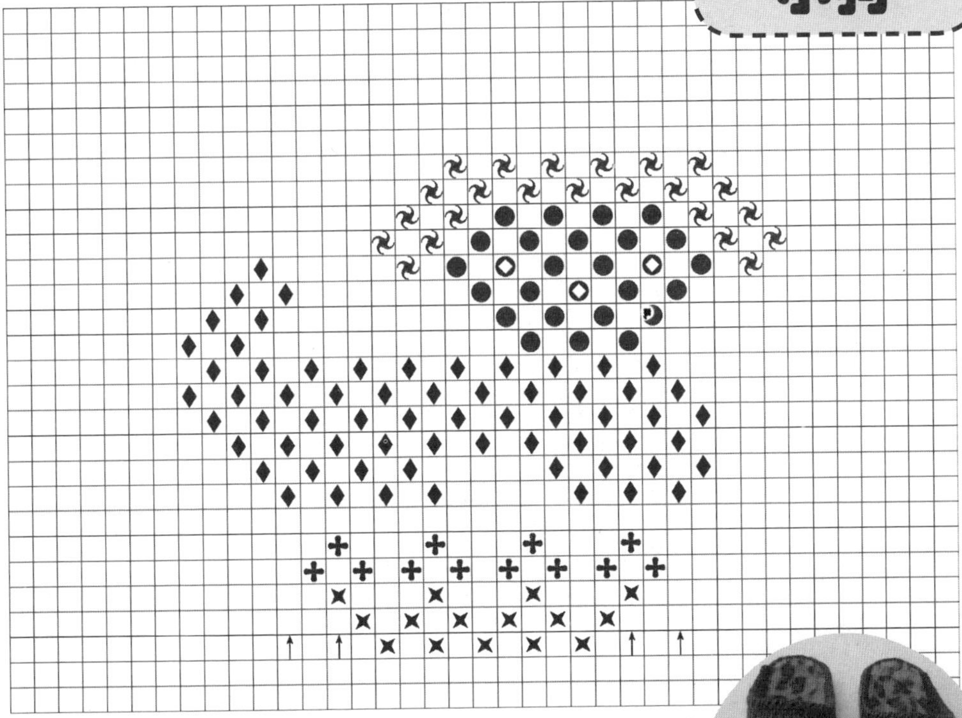

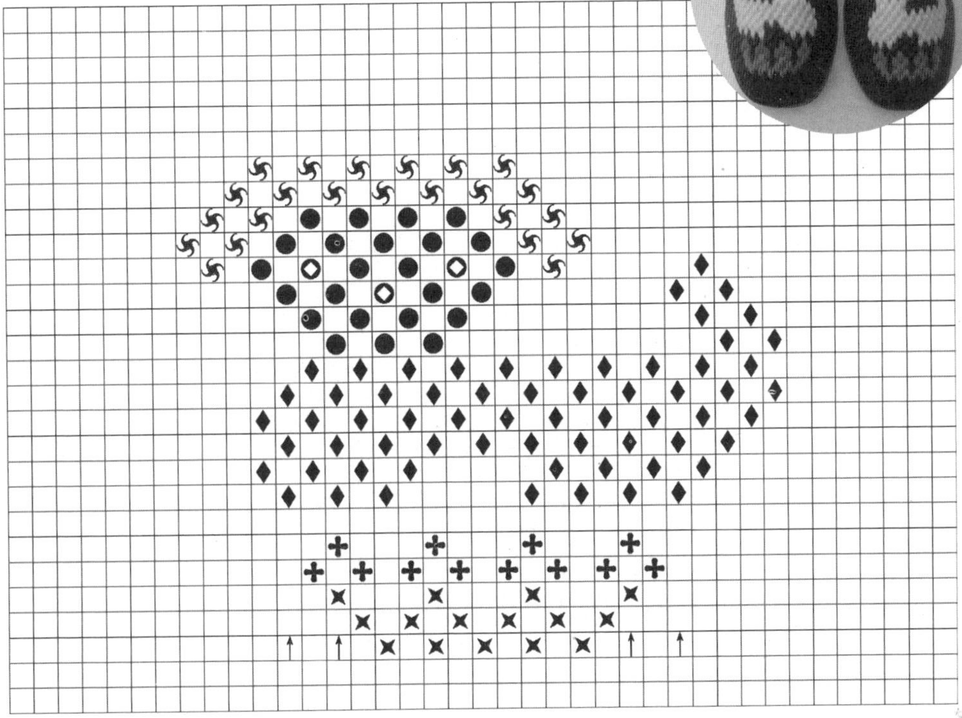

蜗牛

建议：12 针起花

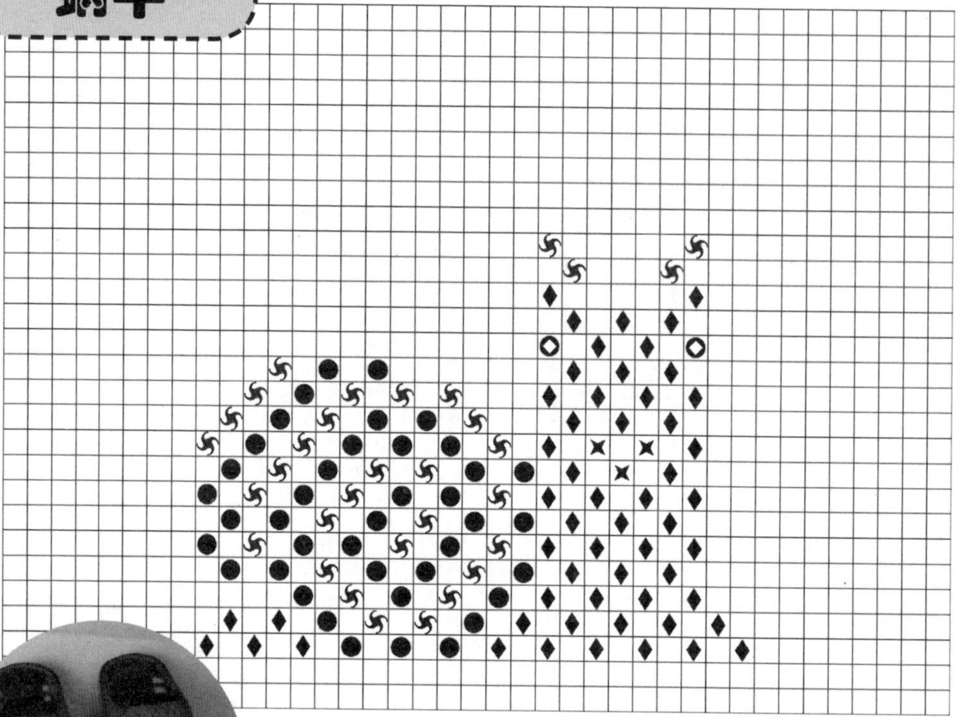

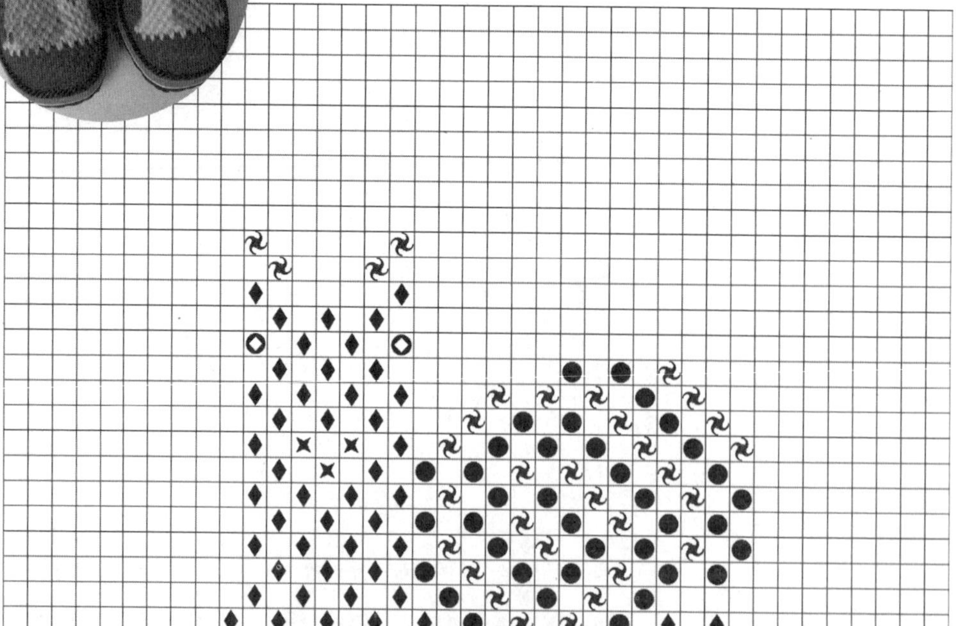

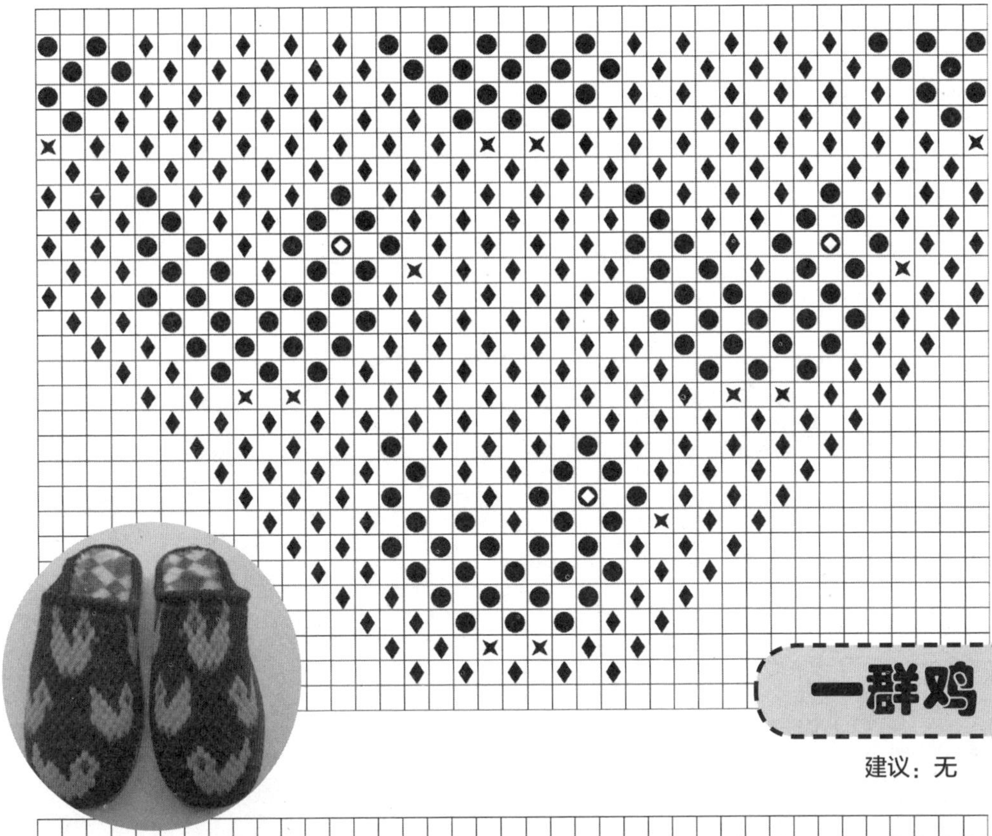

一群鸡

建议：无

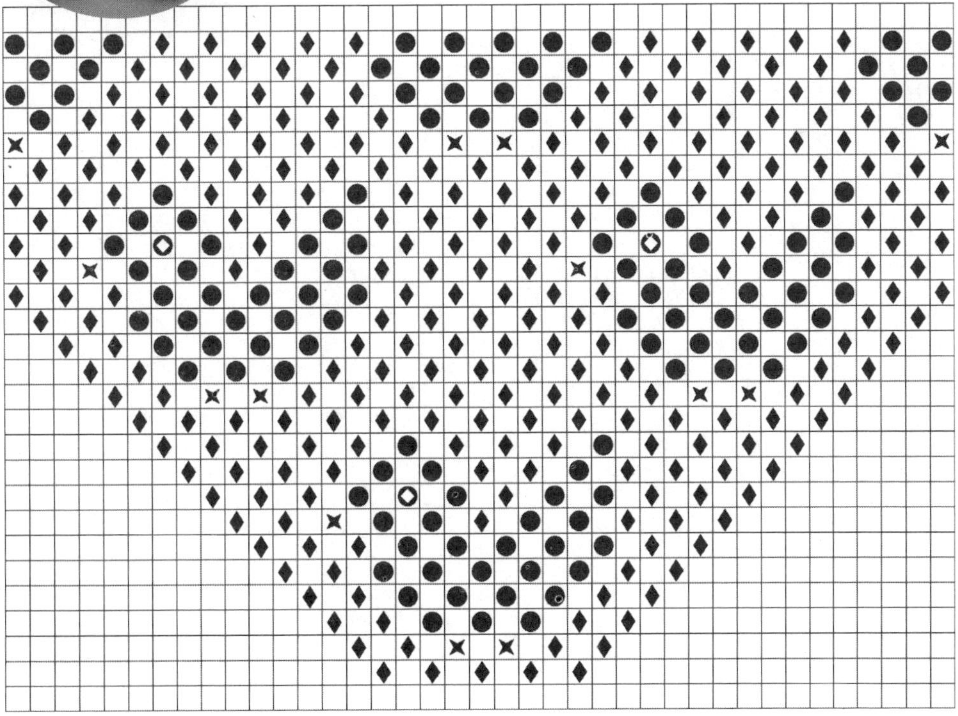

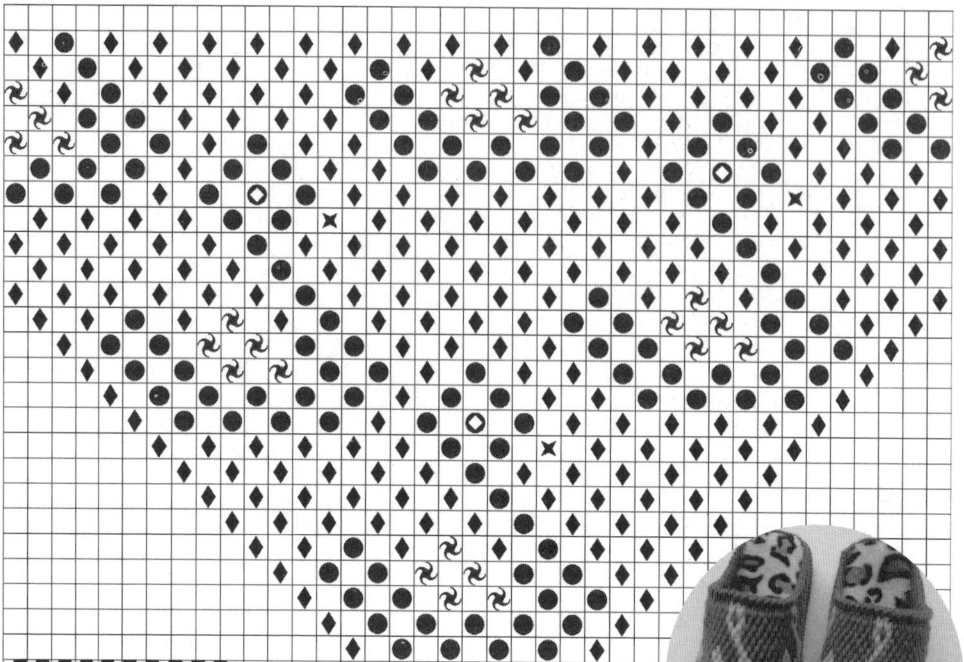

一群鸭

建议：无

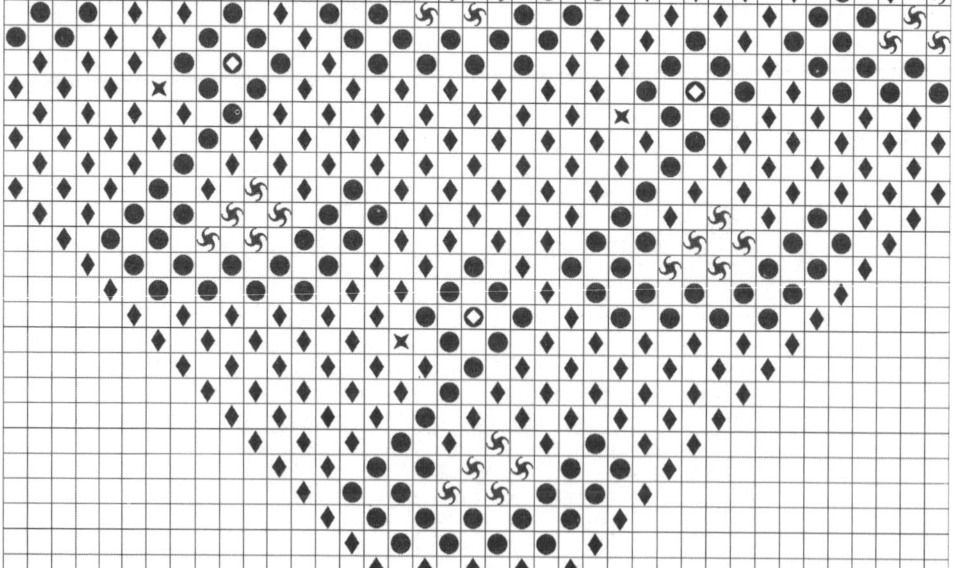

鹅

建议：9 针起花

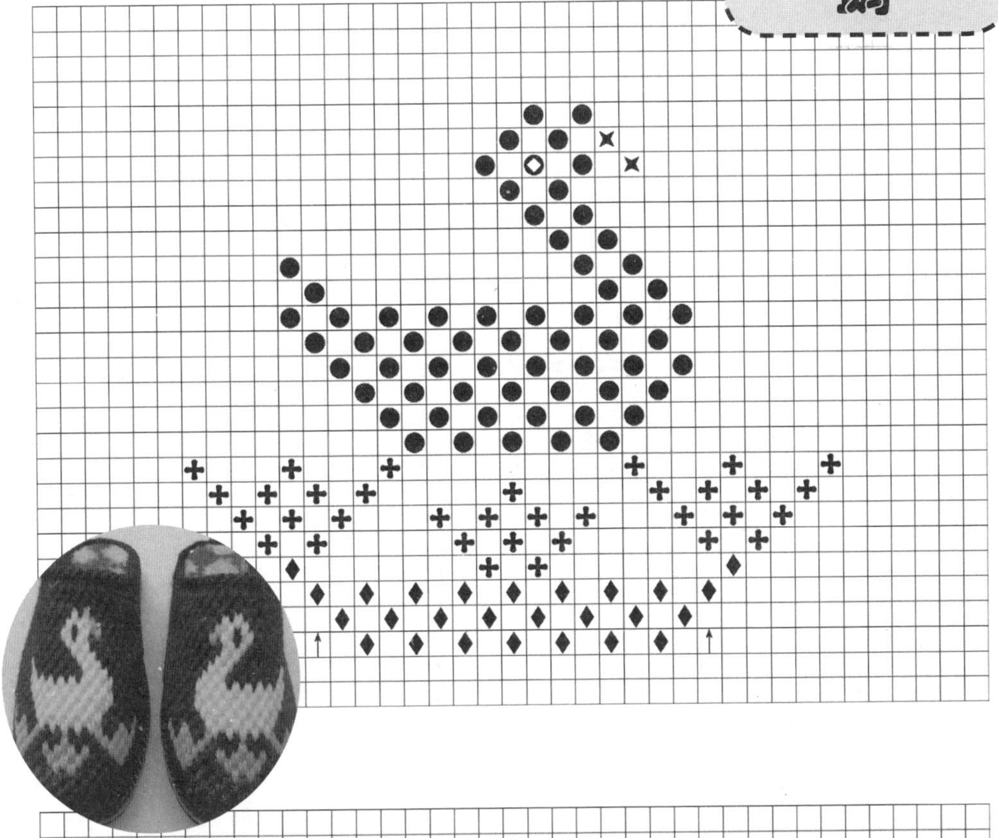

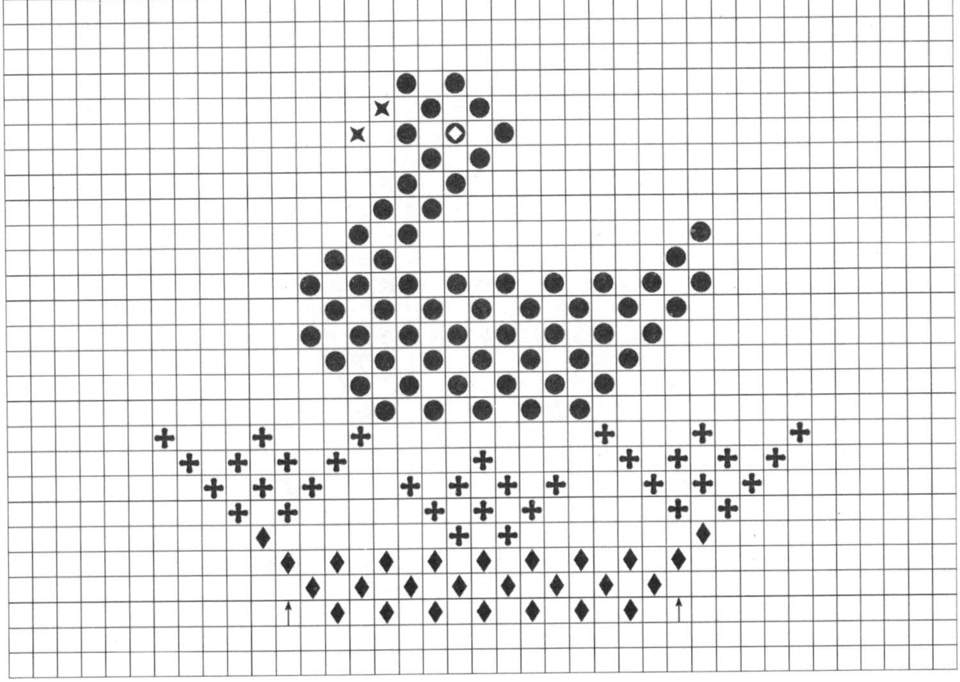

雨中情

建议：10针起花

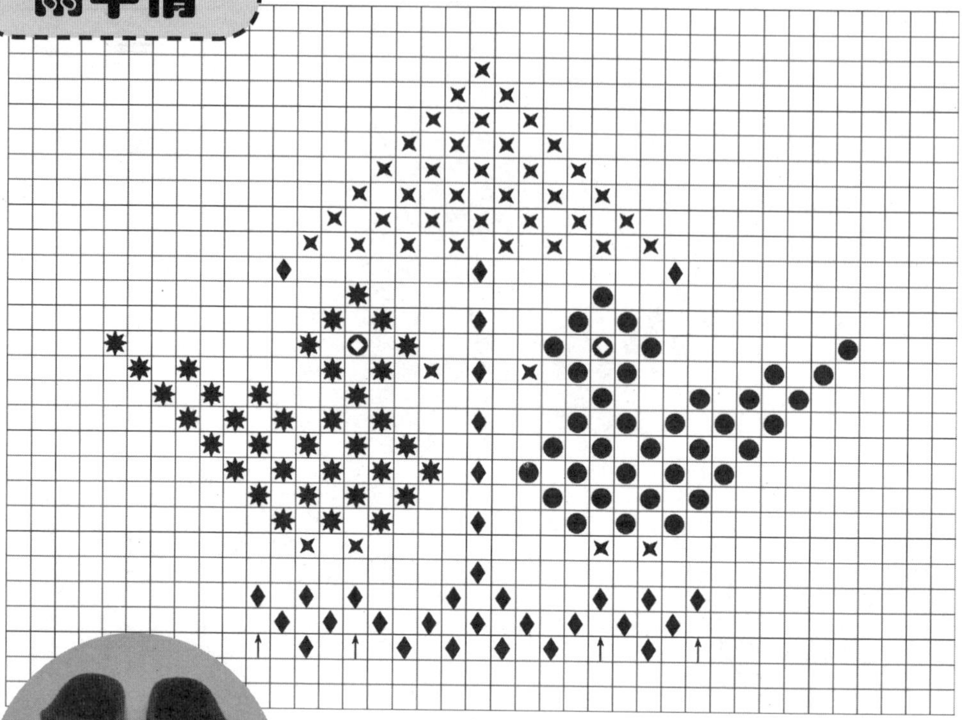

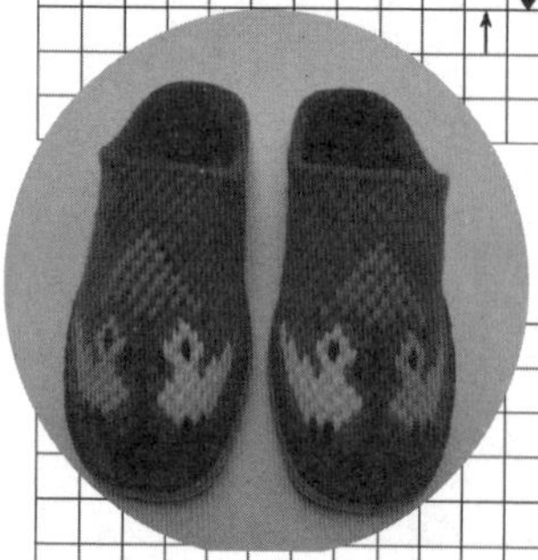

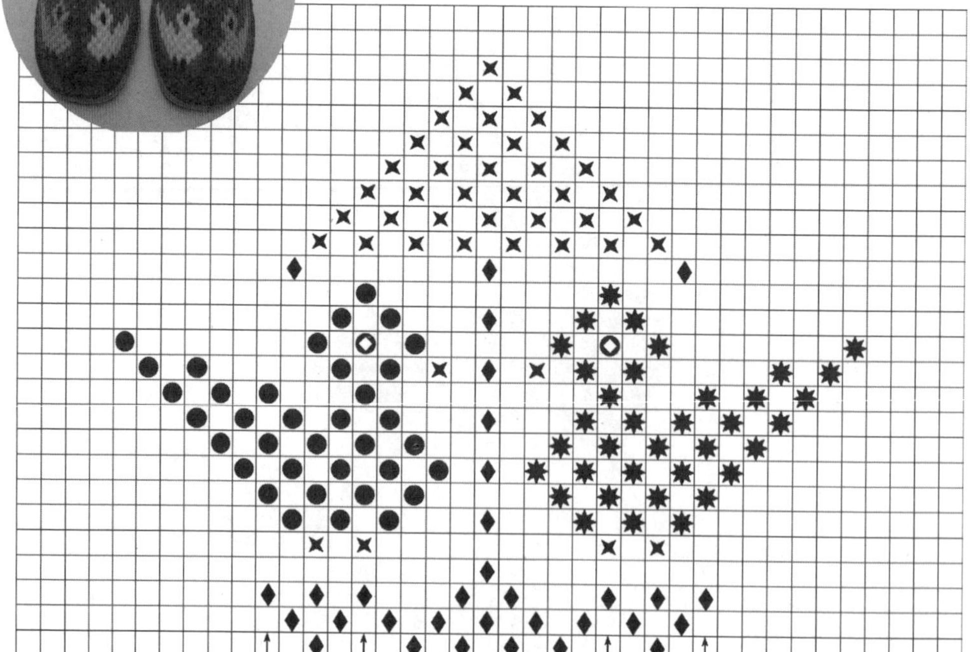

孔雀

建议：9针起花

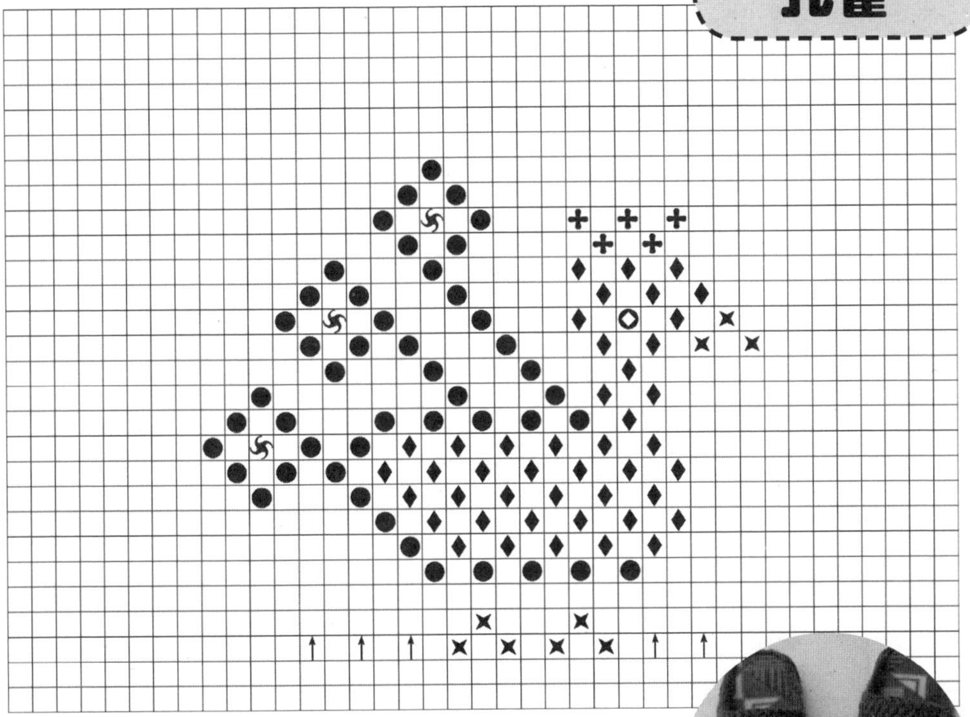

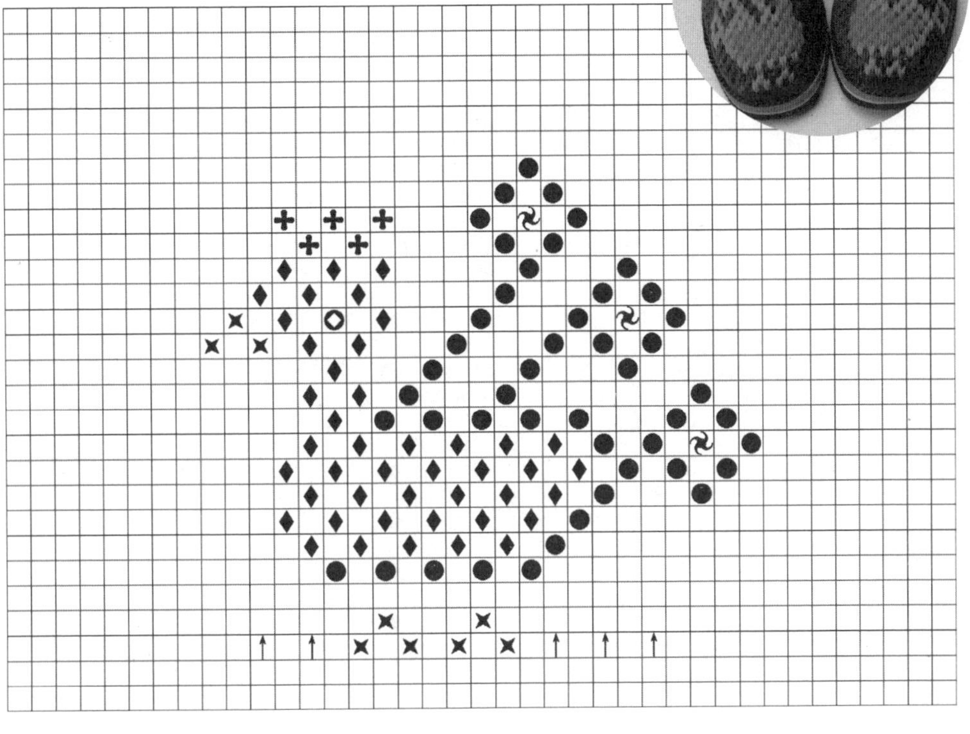

花与鸟

建议：8 针起花

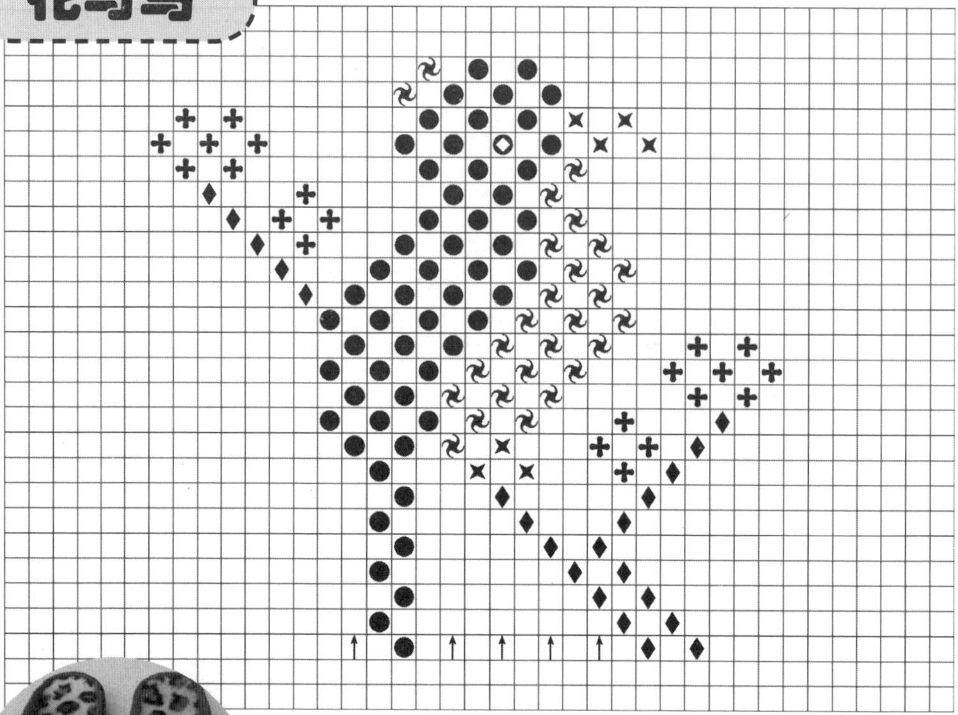

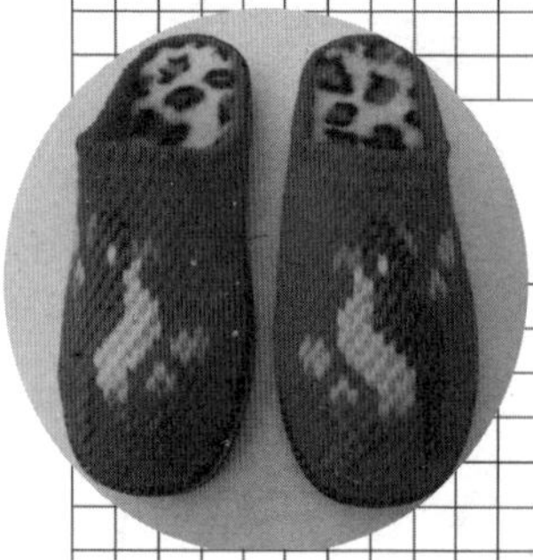

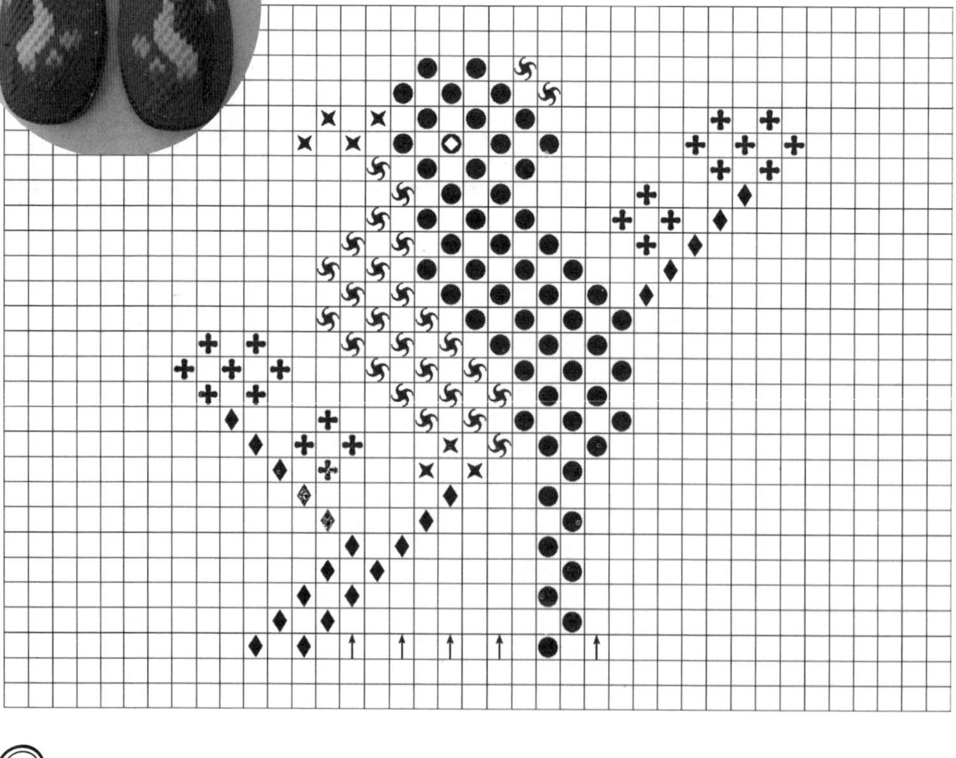

舞动

建议：9针起花

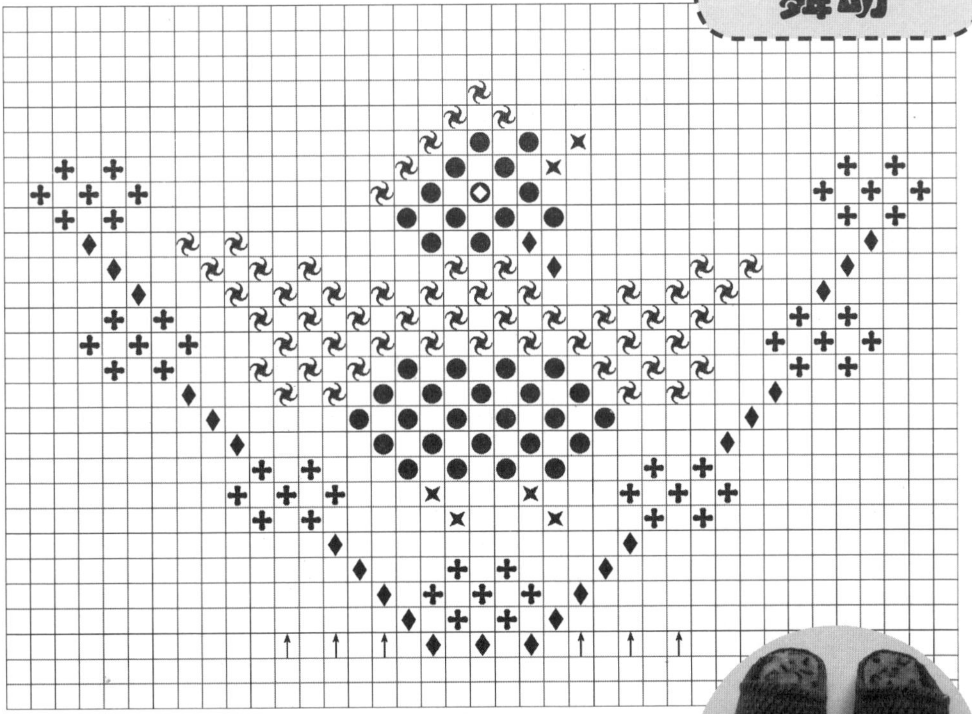

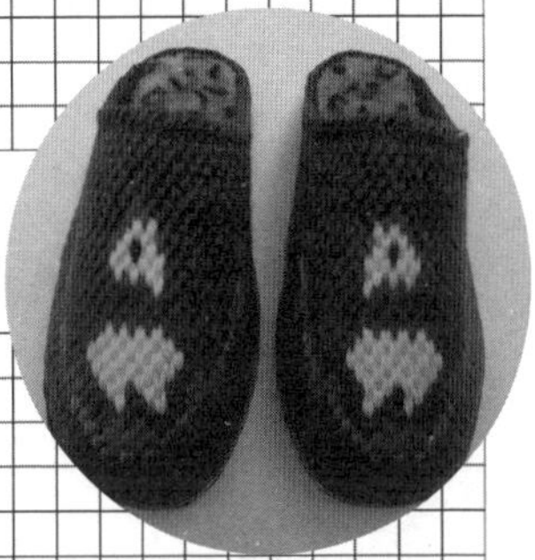

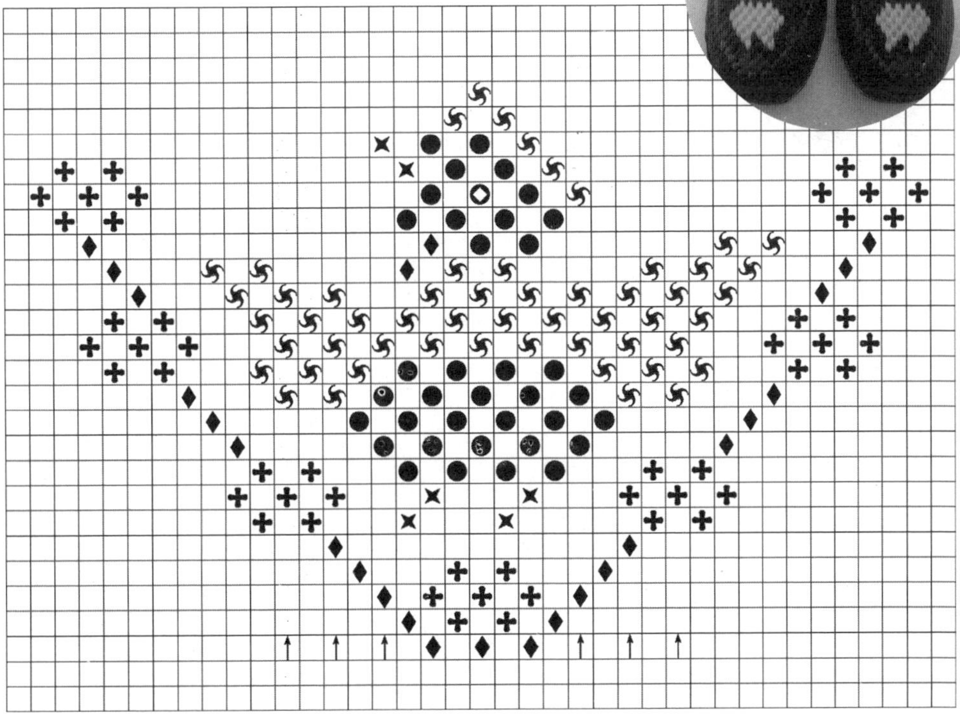

闻香

建议：8 针起花

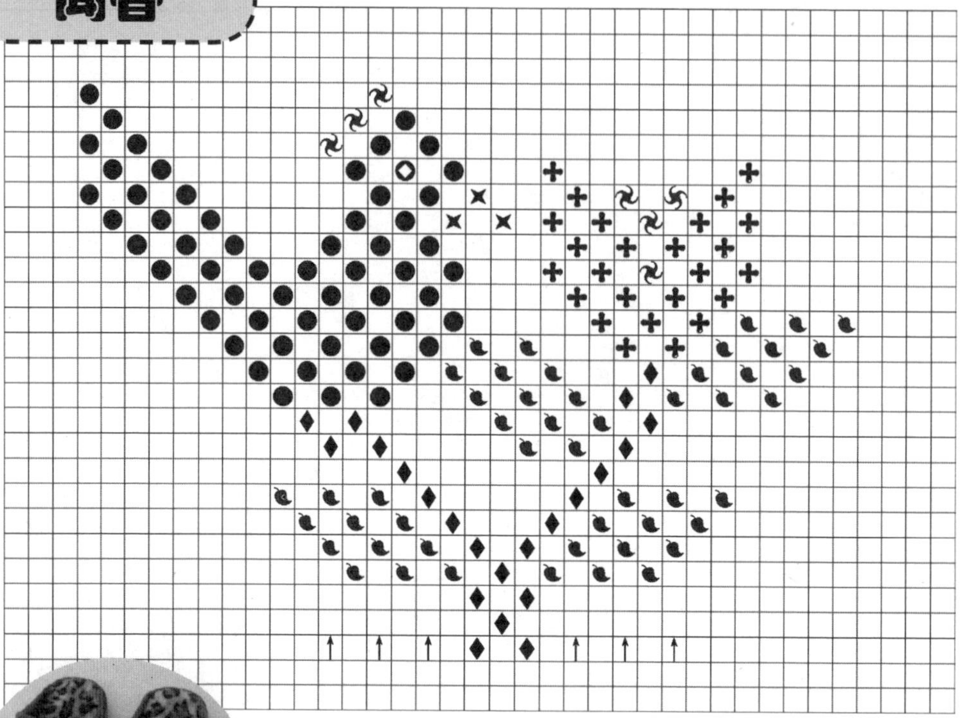

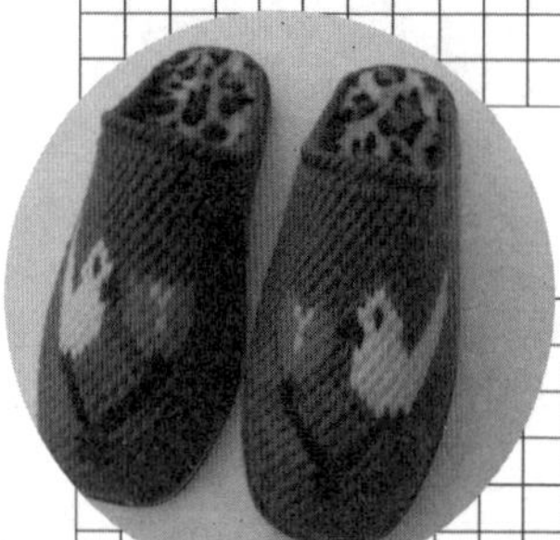

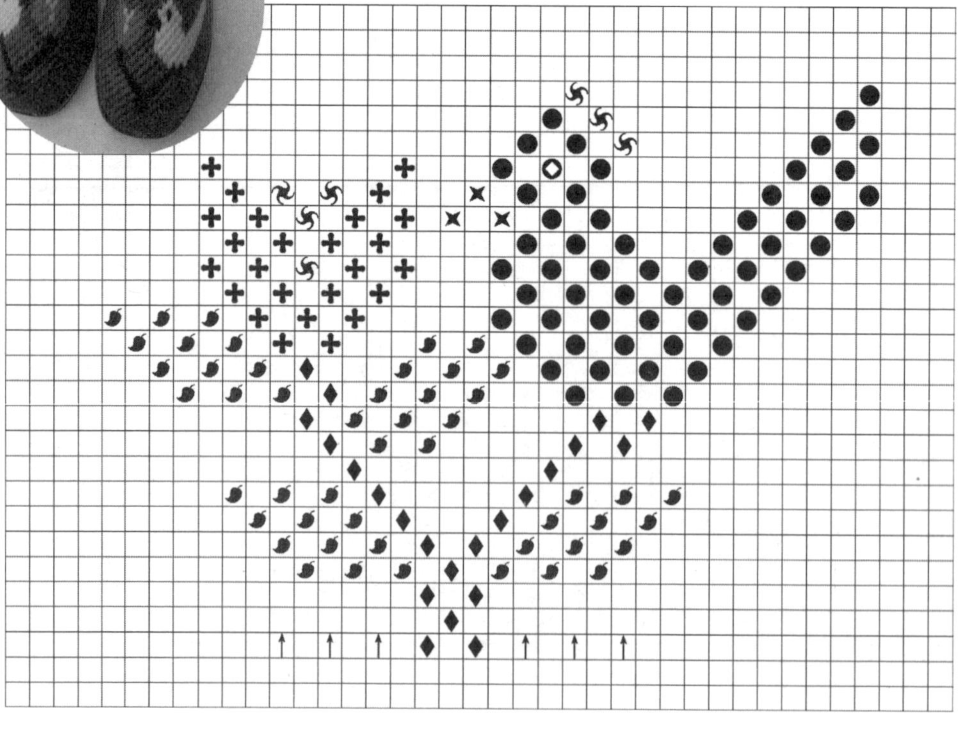

比美

建议：10 针起花

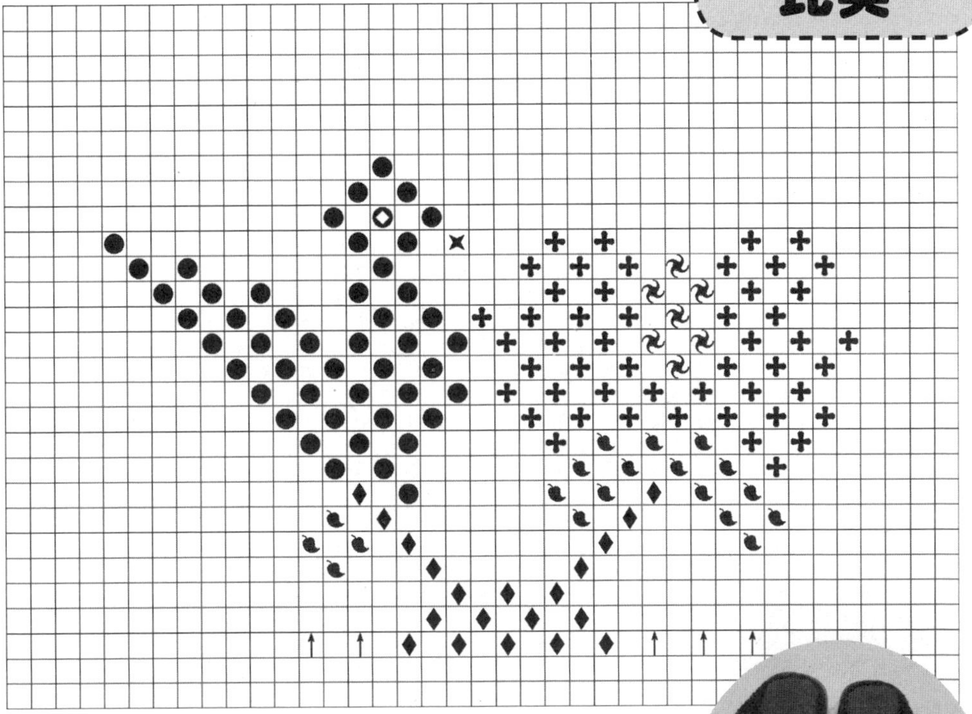

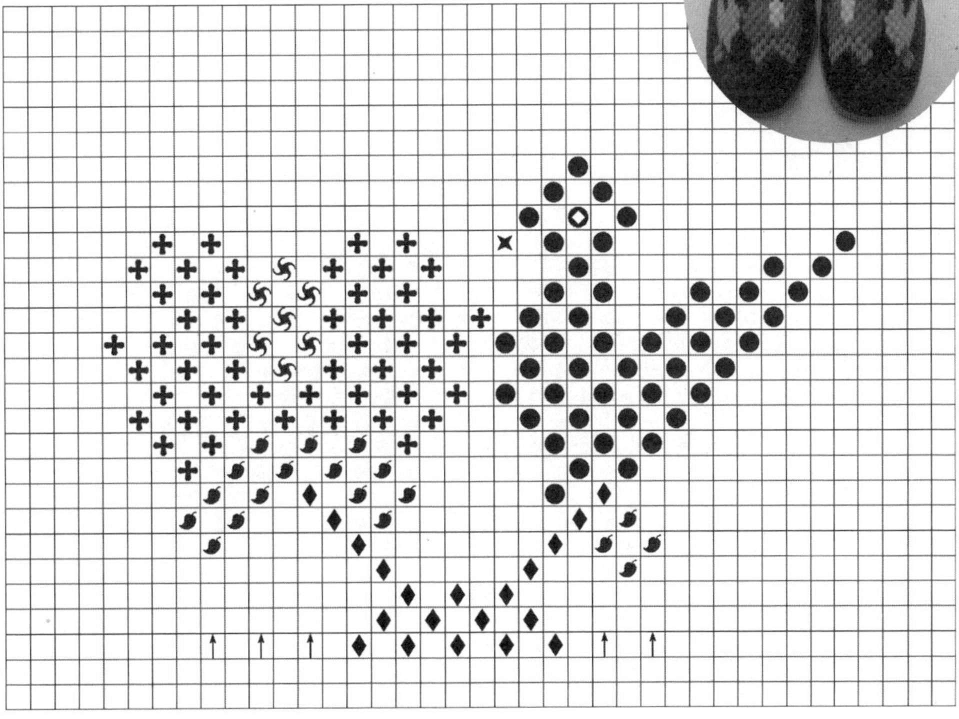

花丛中

建议：10 针起花

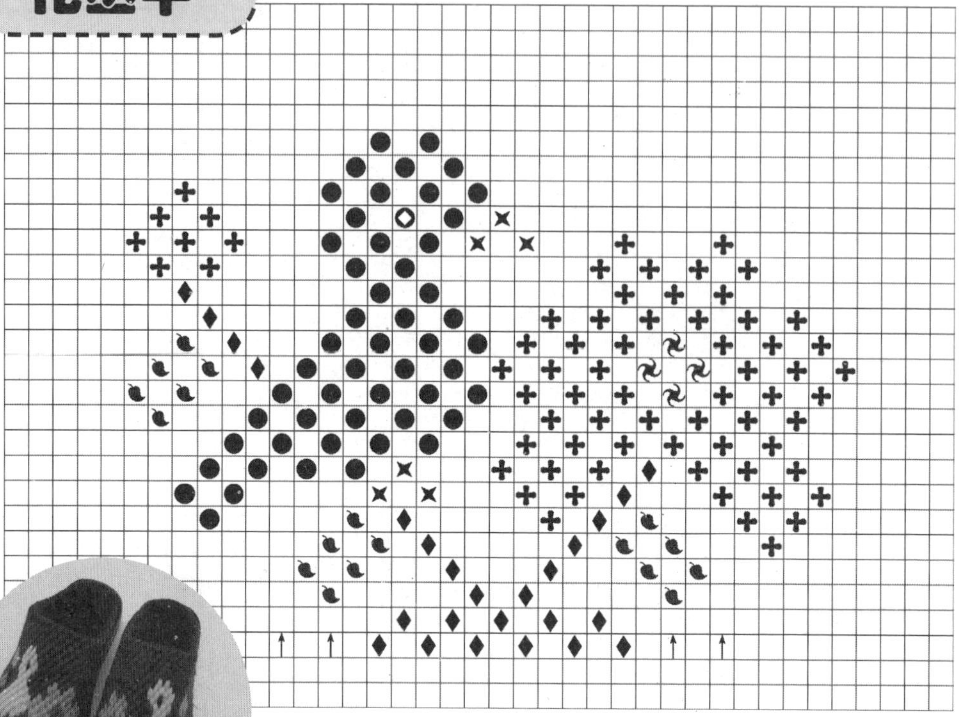

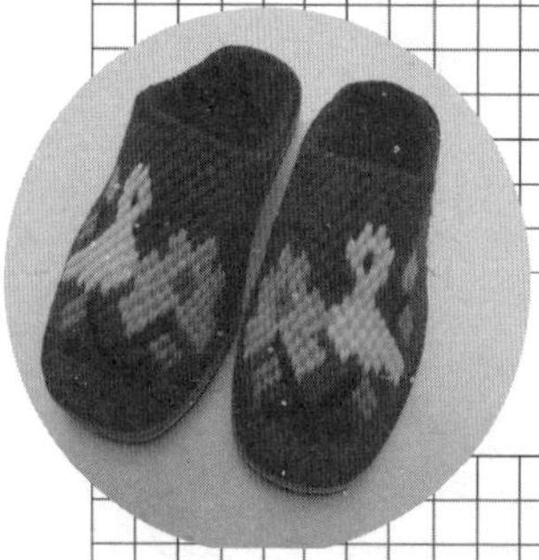

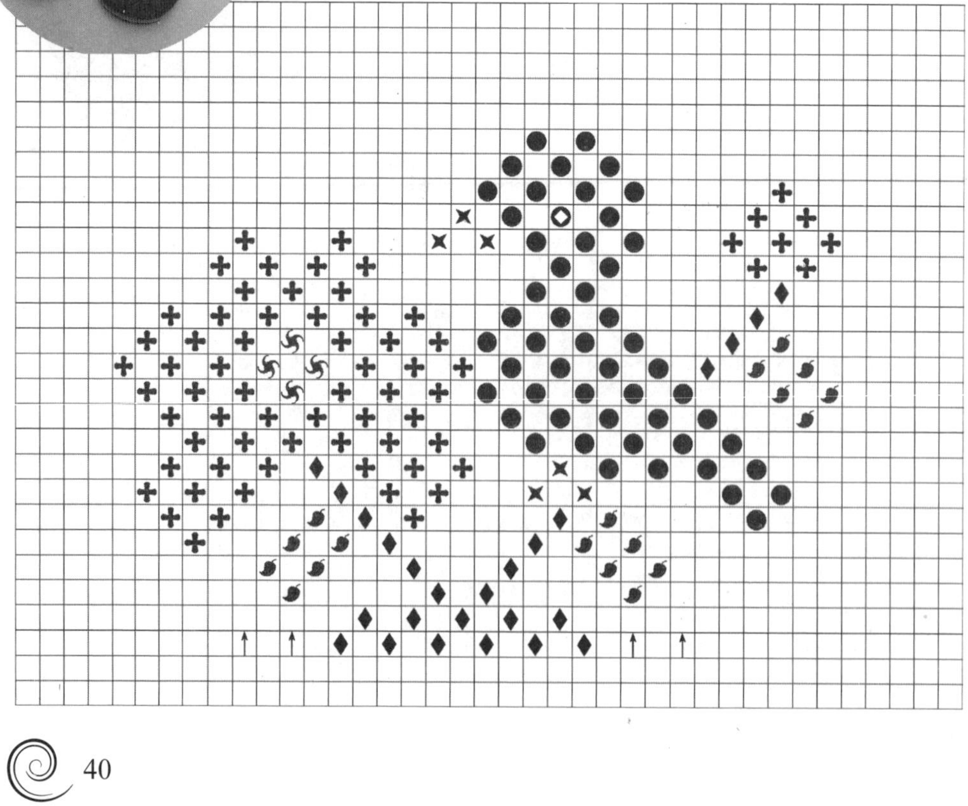

建议：9针起花

鹦鹉

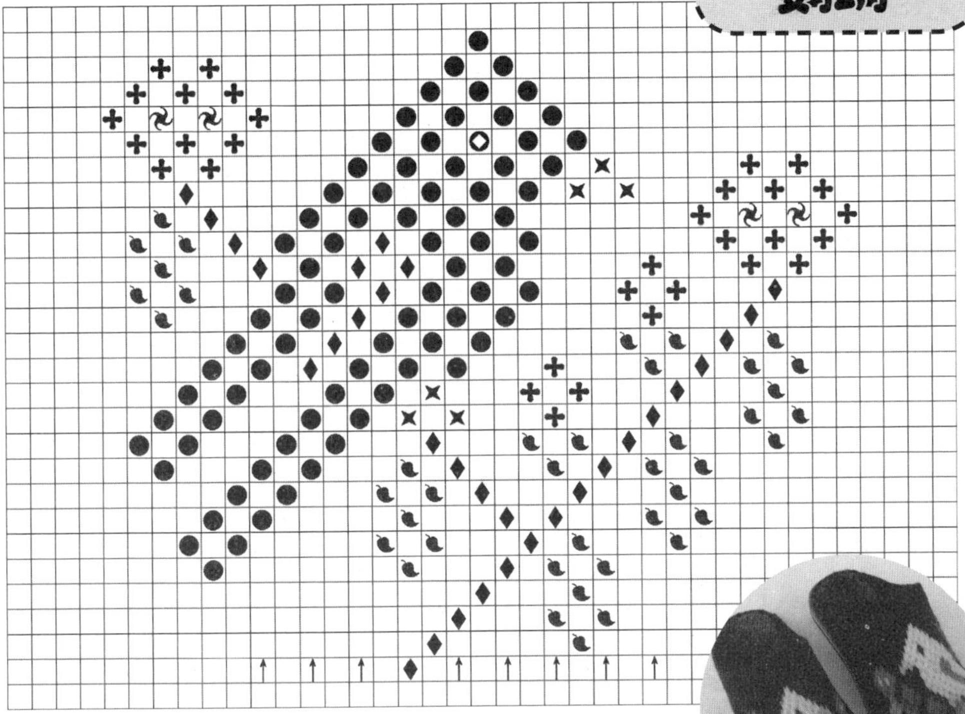

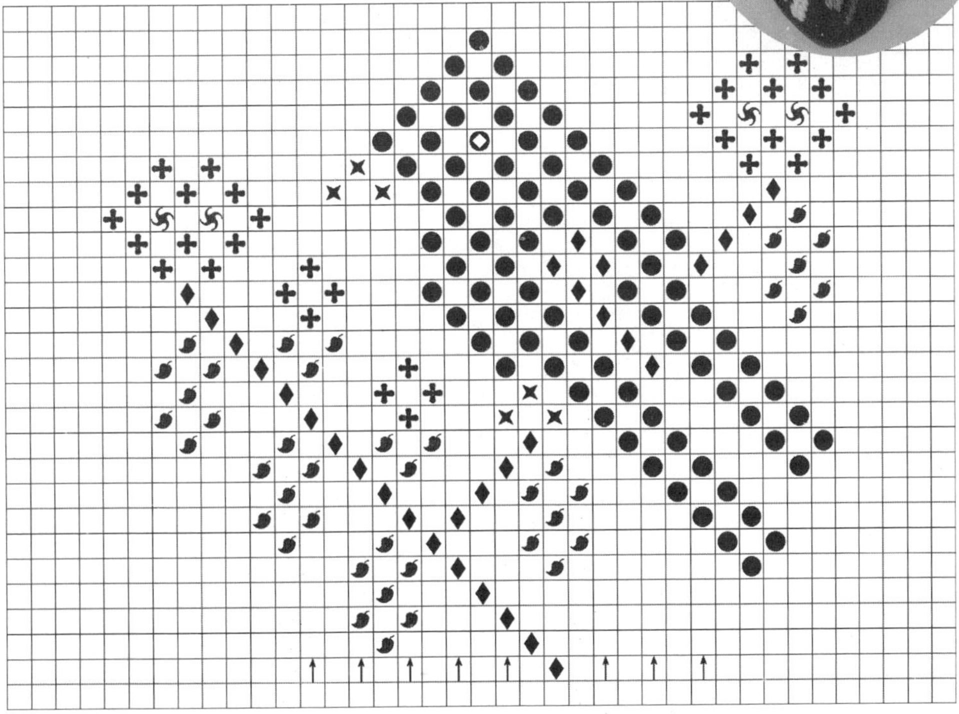

花枝俏

建议：8针起花

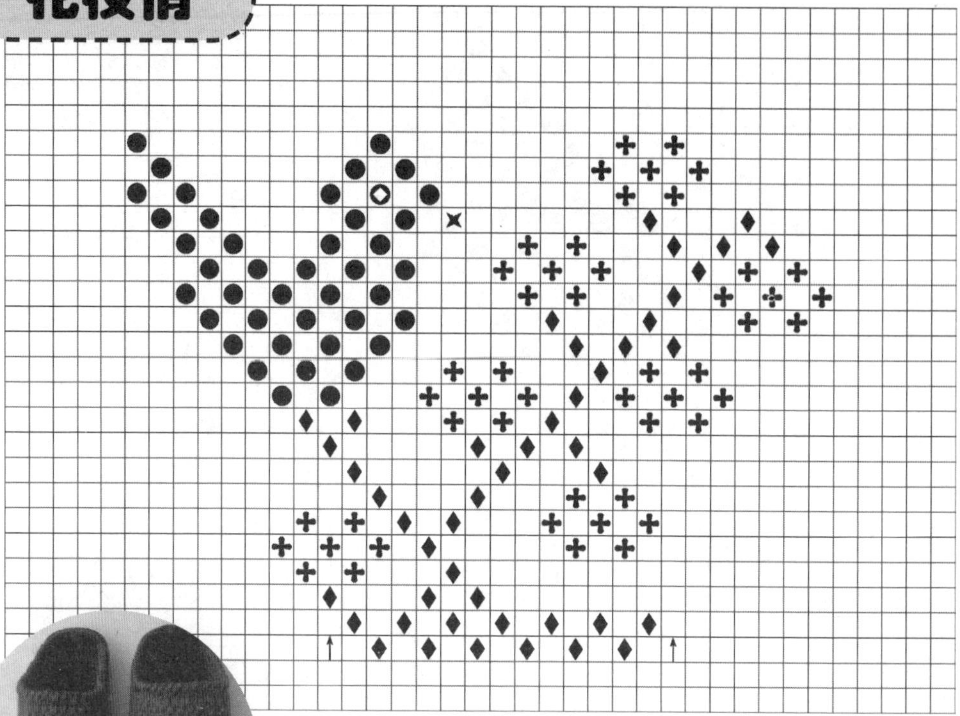

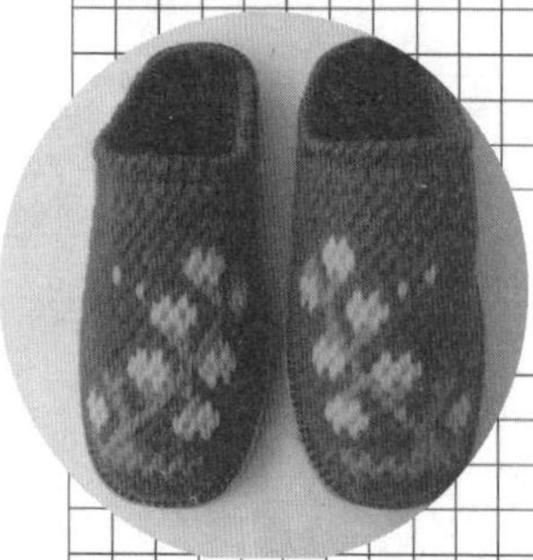

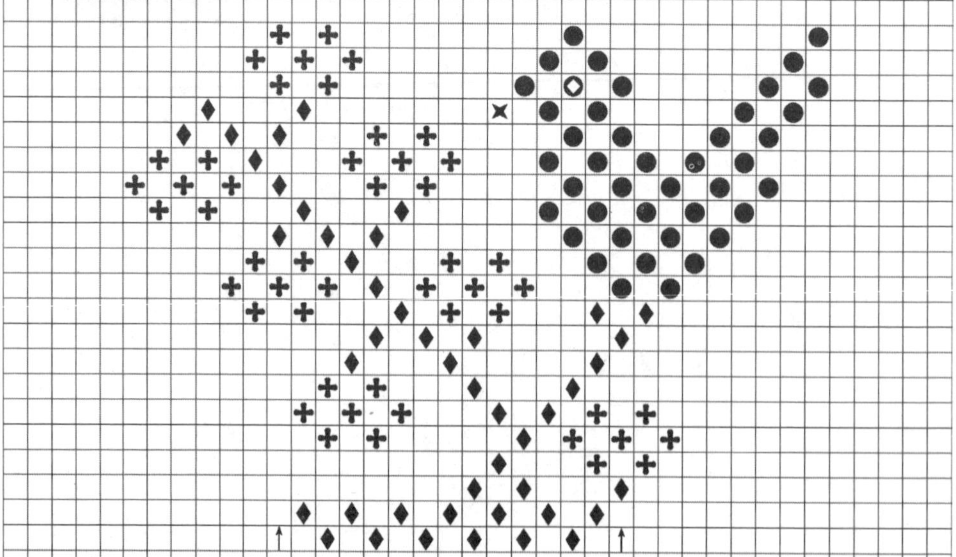

小憩

建议：10 针起花

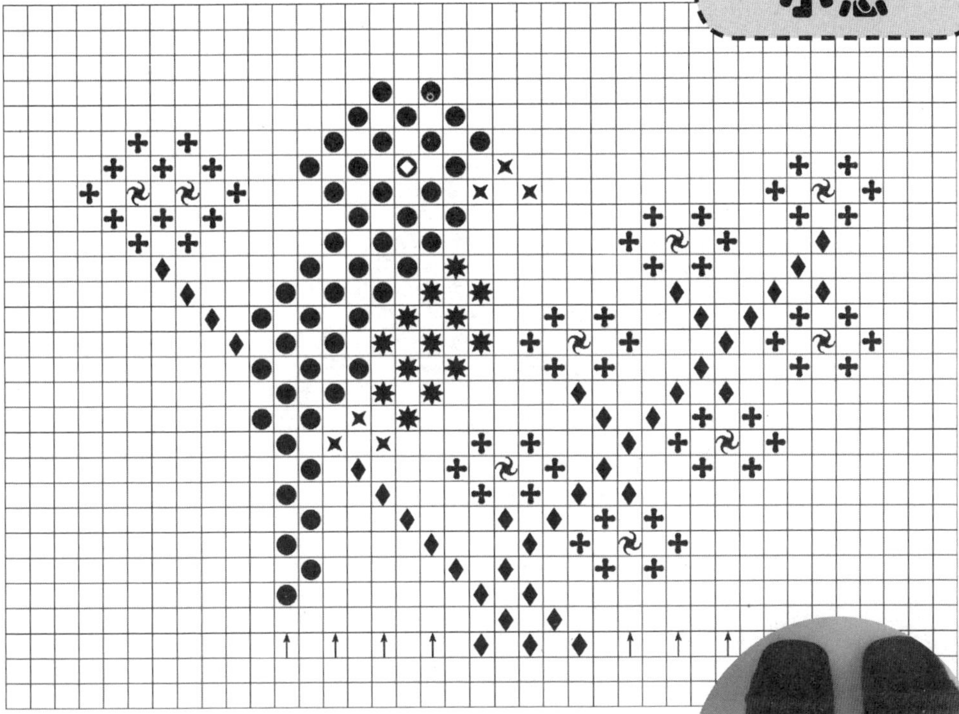

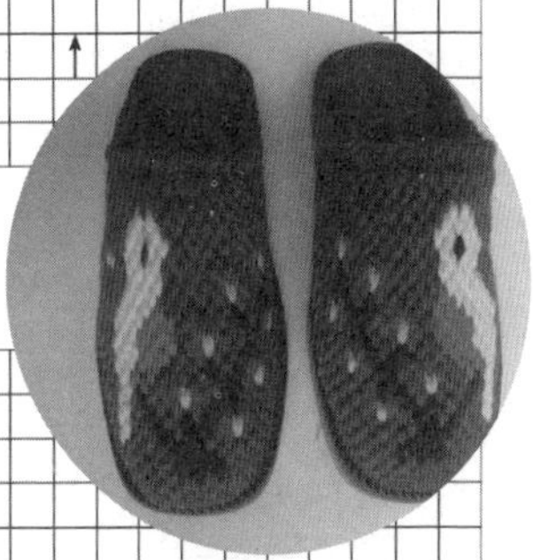

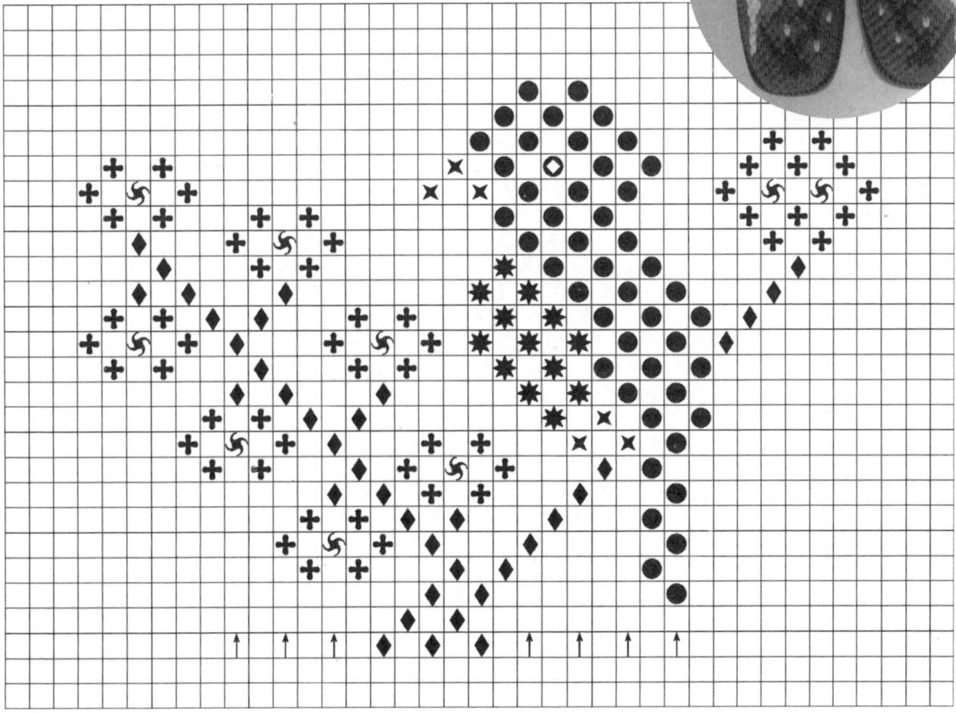

欢唱

建议：8 针起花

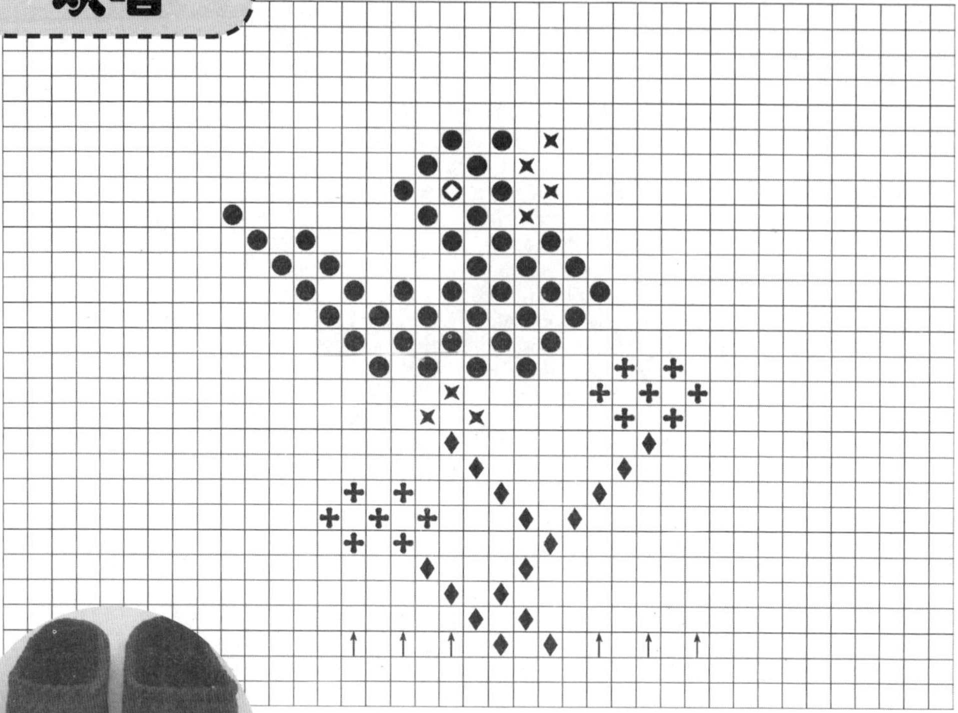

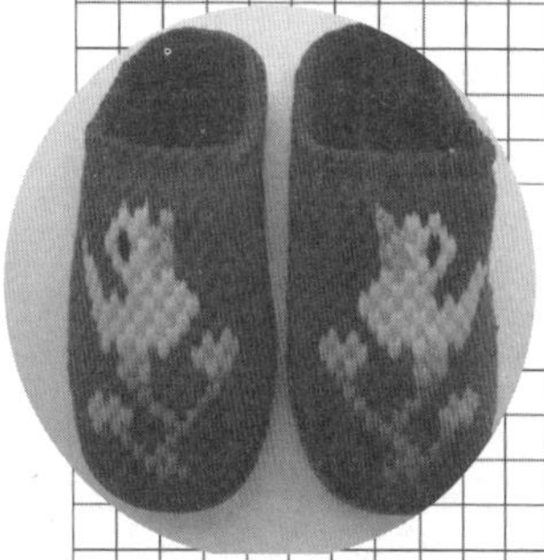

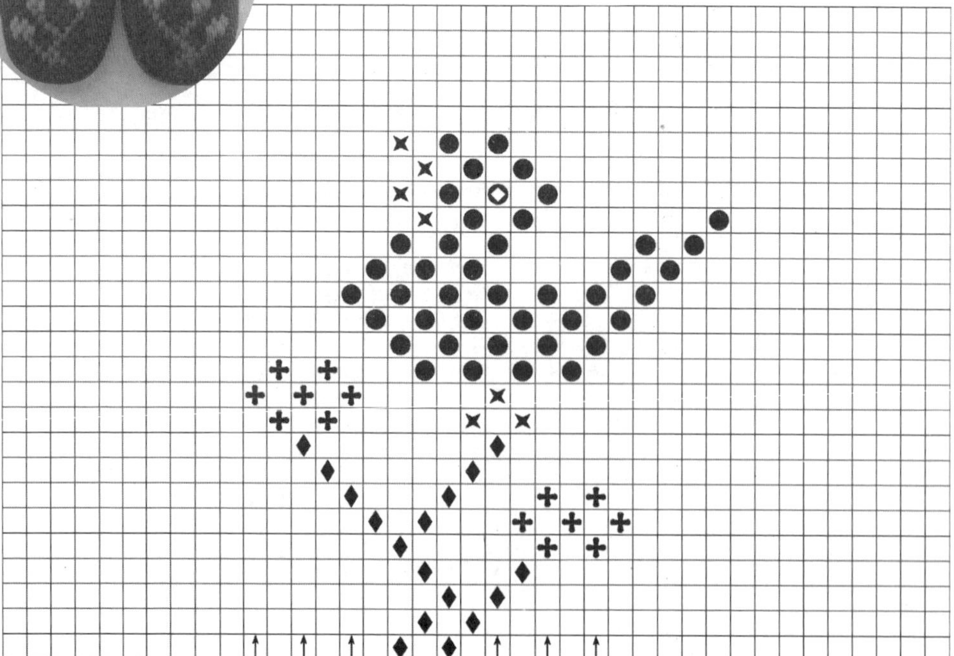

诱惑

建议：8 针起花

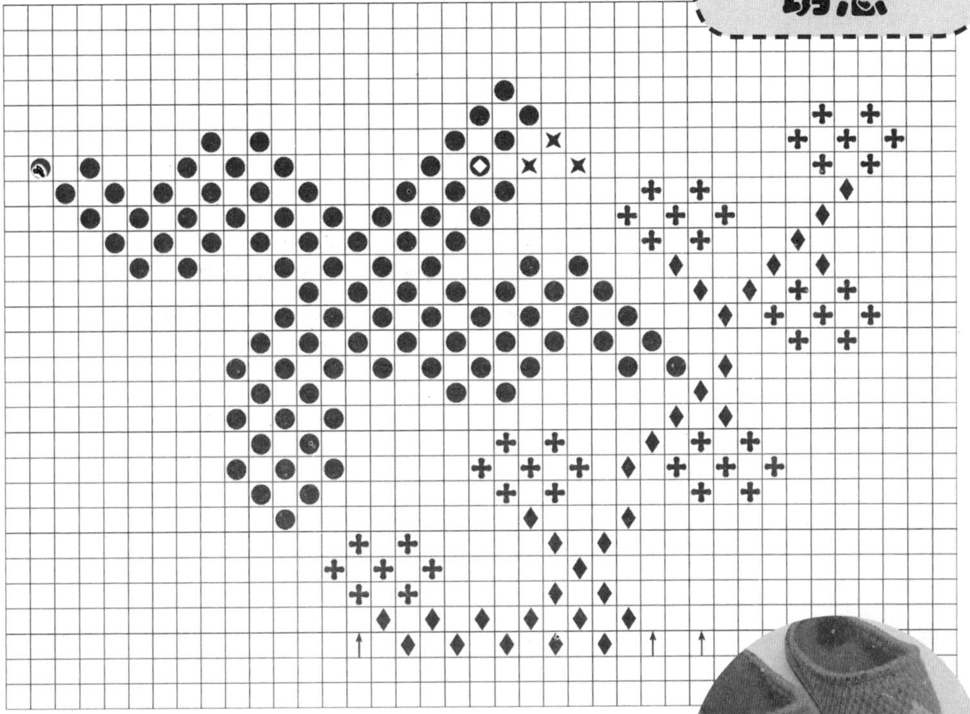

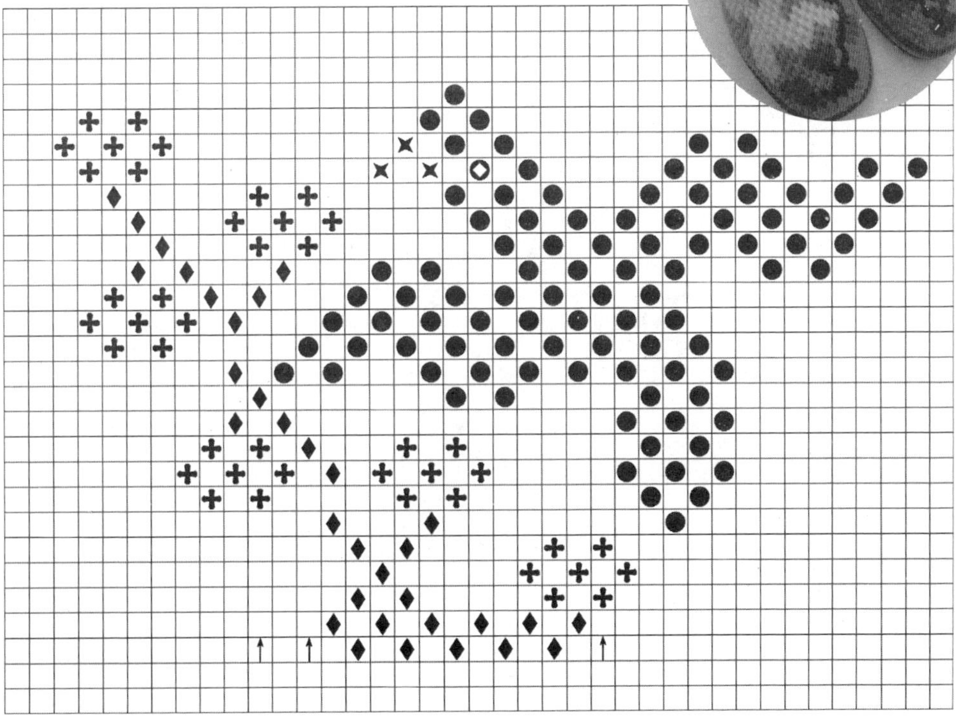

鸳鸯

建议：8针起花

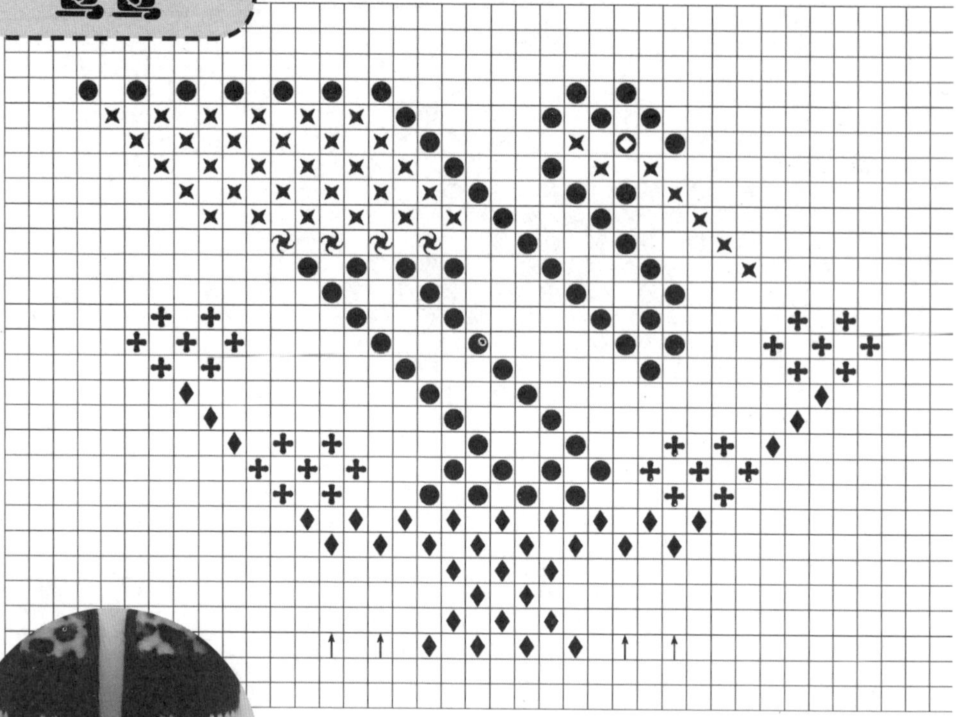

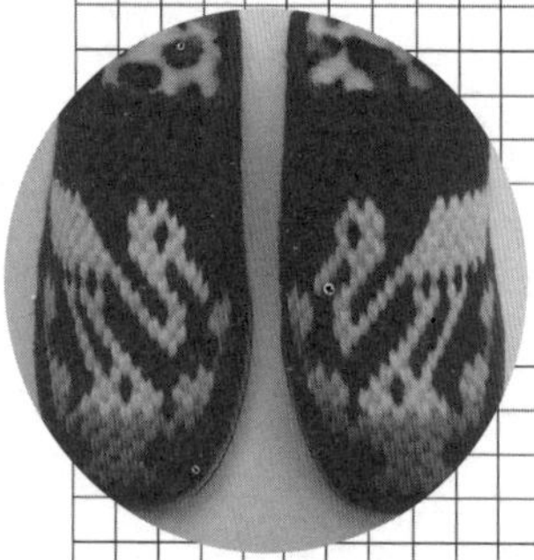

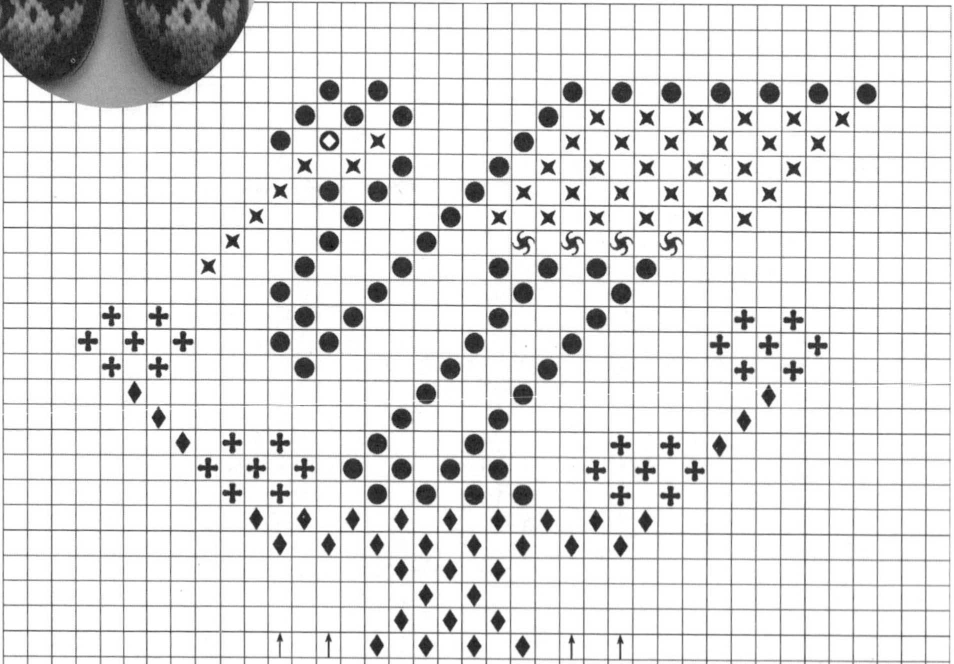

猫头鹰

建议：7 针起花

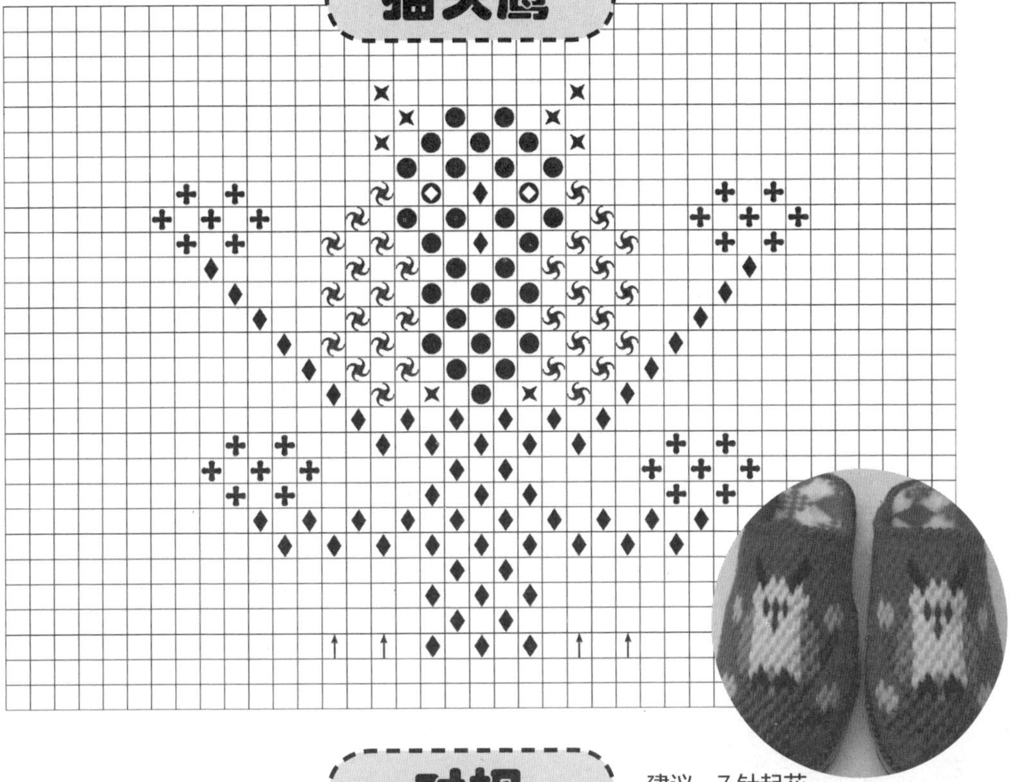

对视

建议：7 针起花

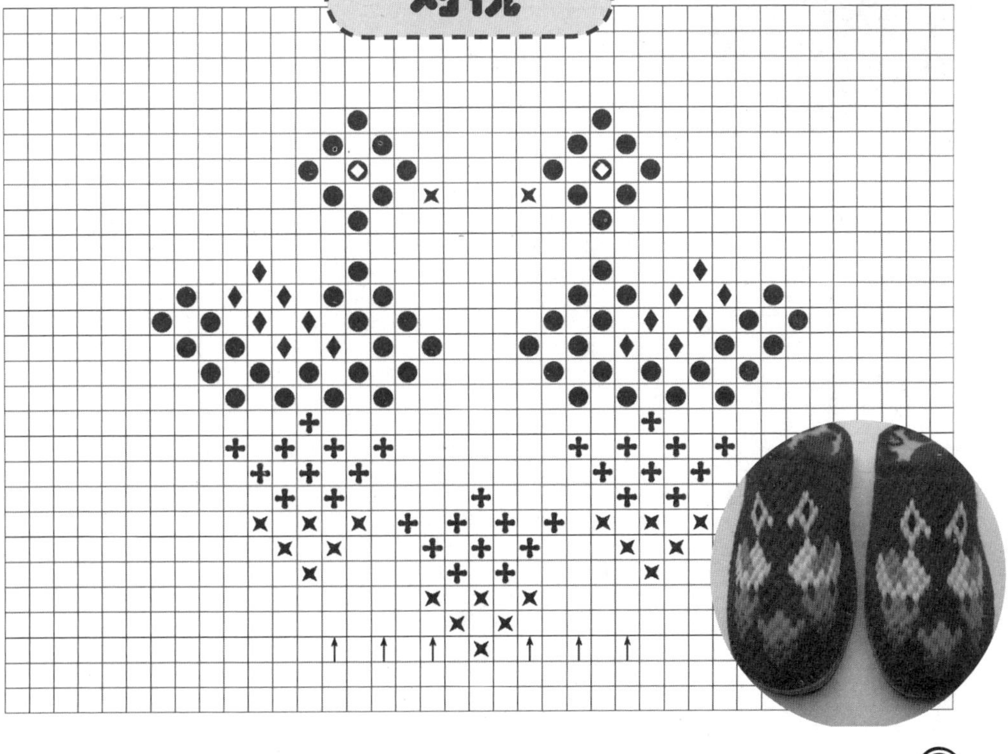

我和你

建议：8 针起花

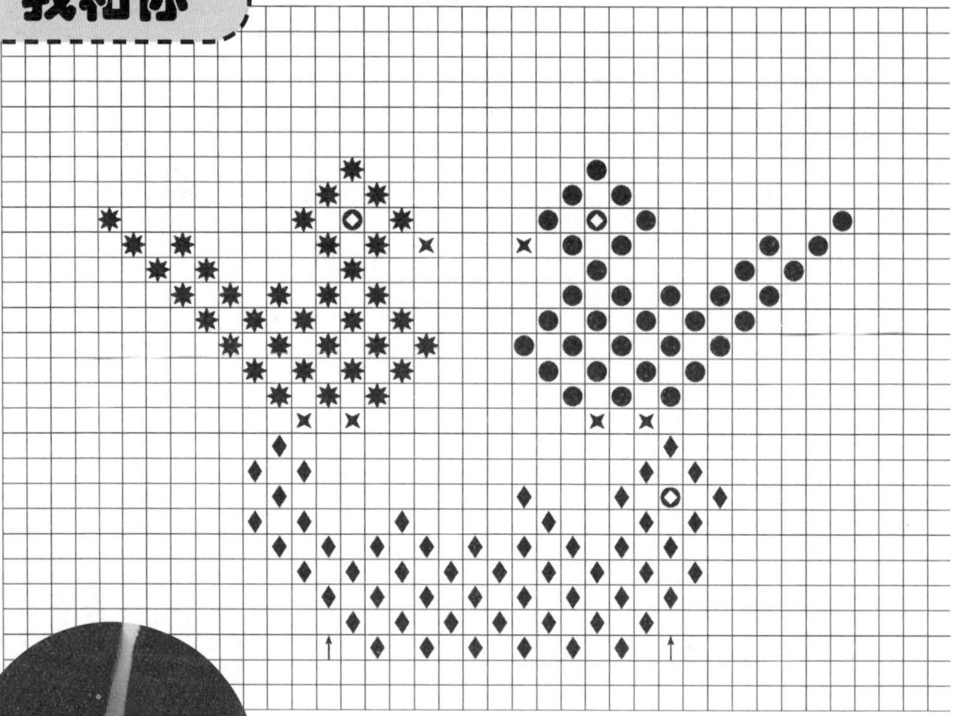

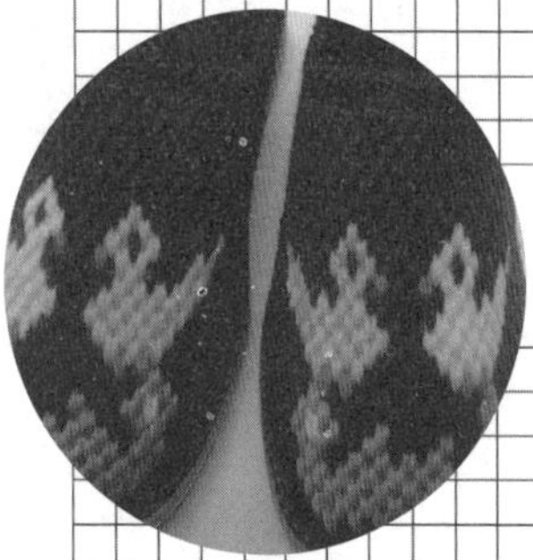

喜悦

建议：9 针起花

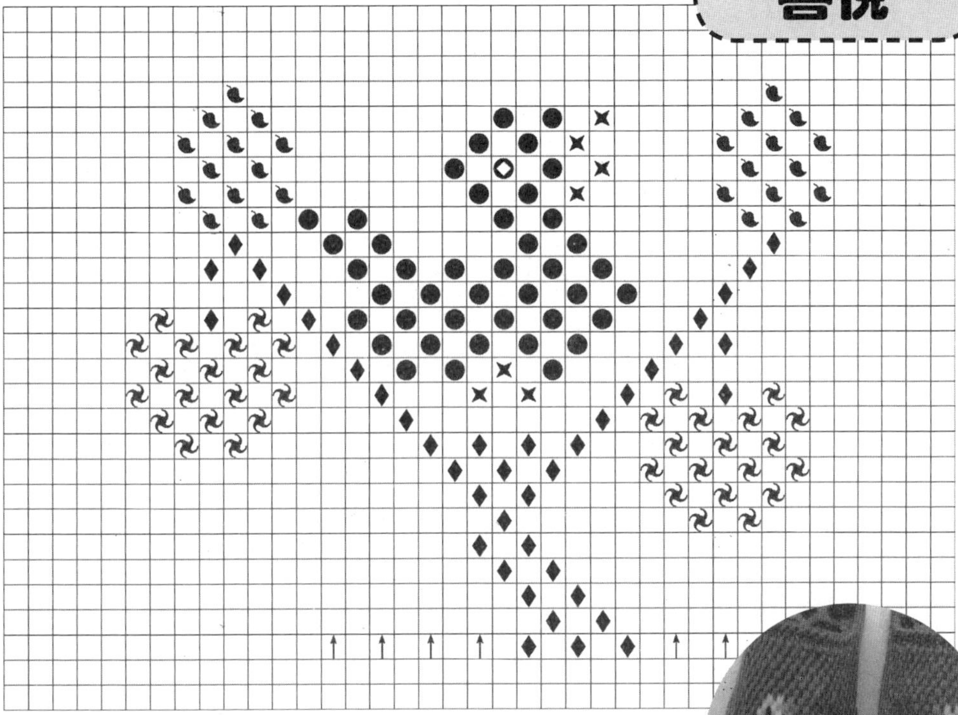

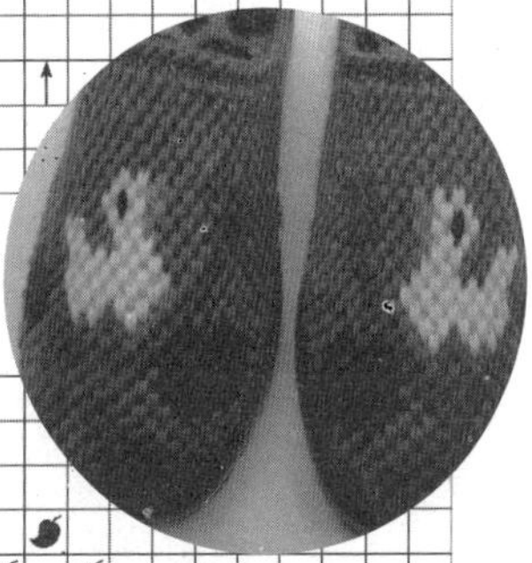

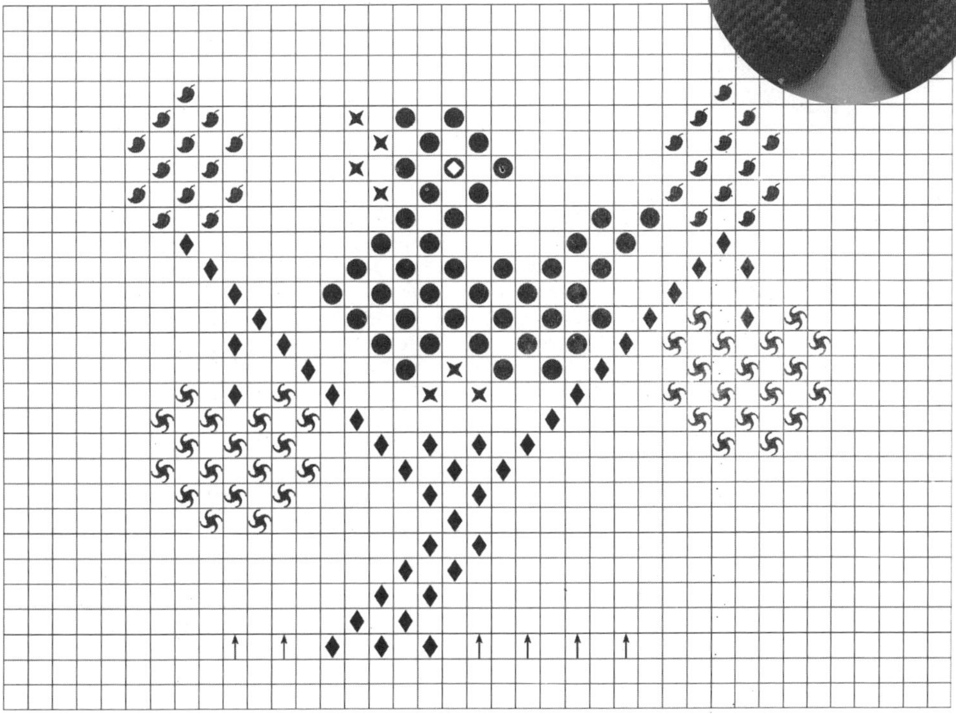

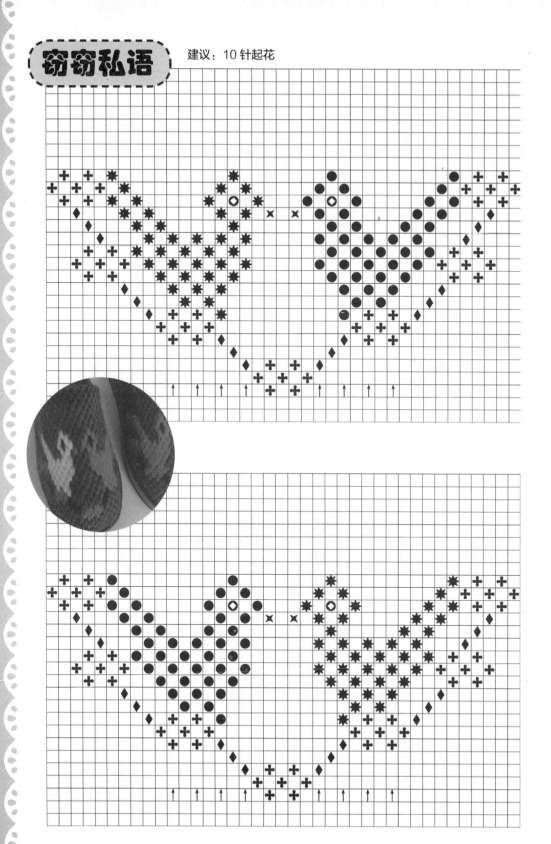

窃窃私语

建议：10 针起花

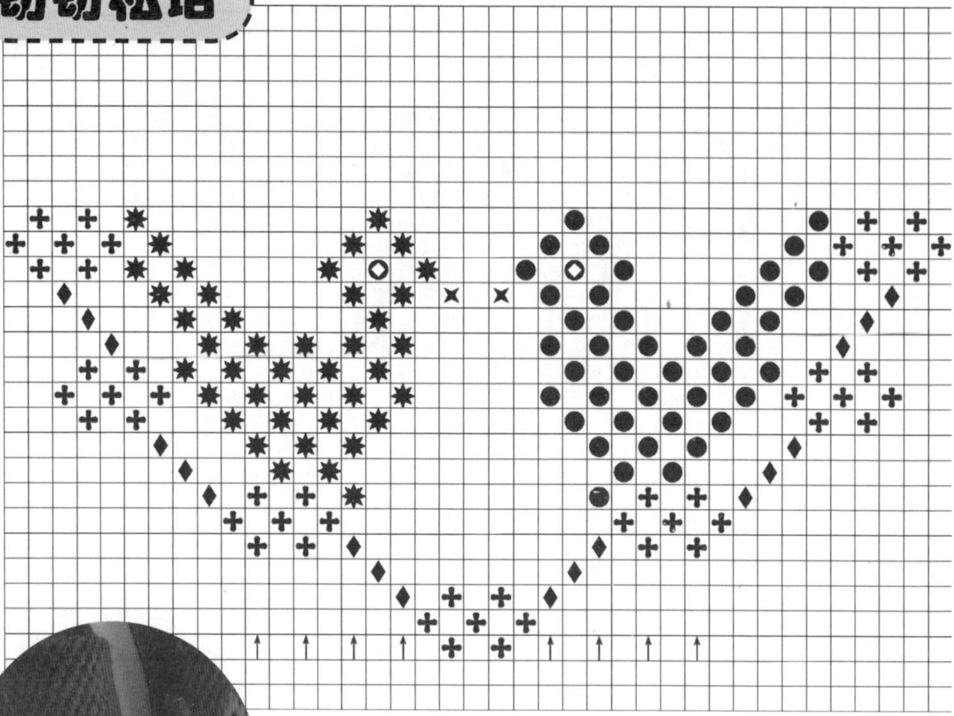

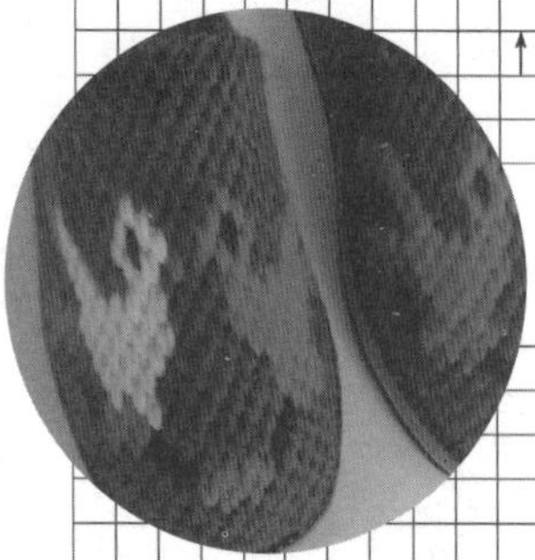

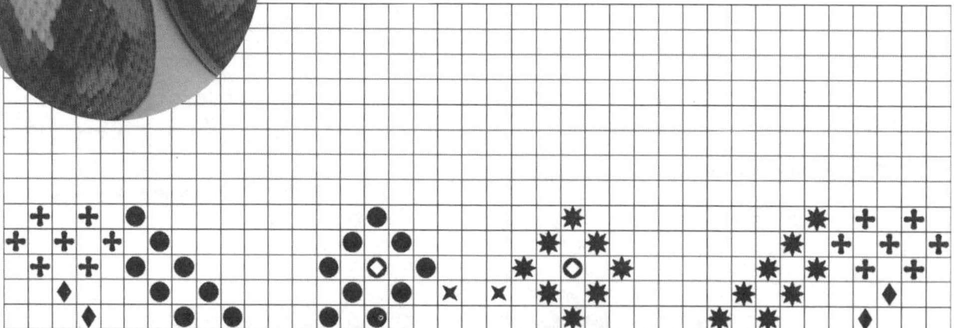

欢乐雀

建议：8 针起花

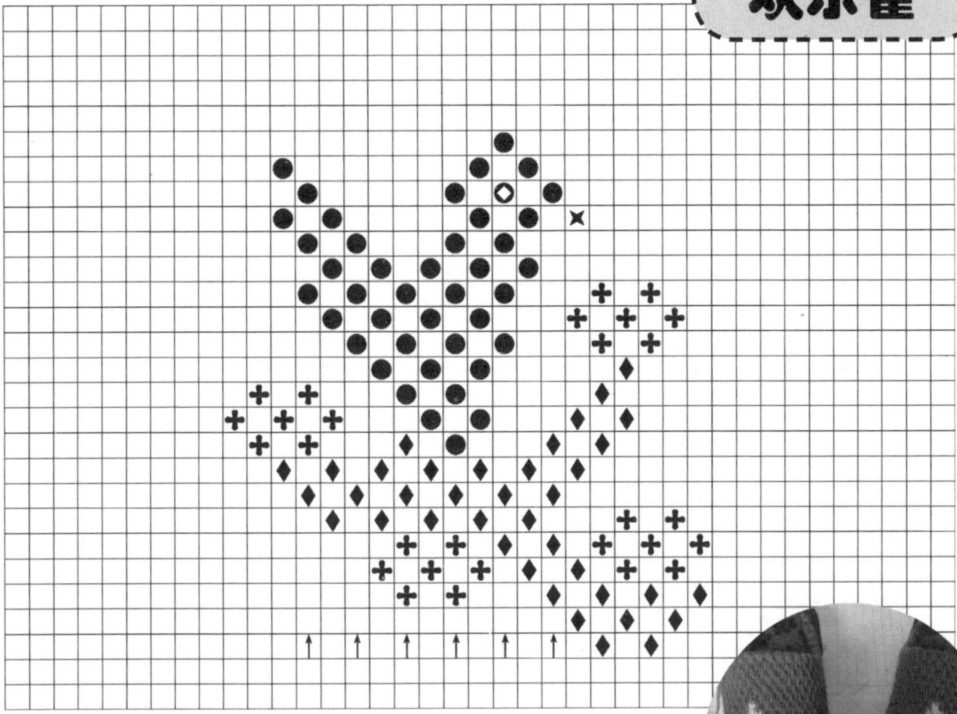

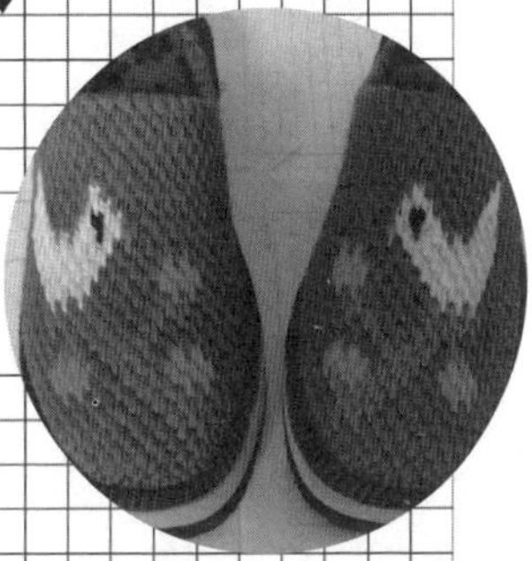

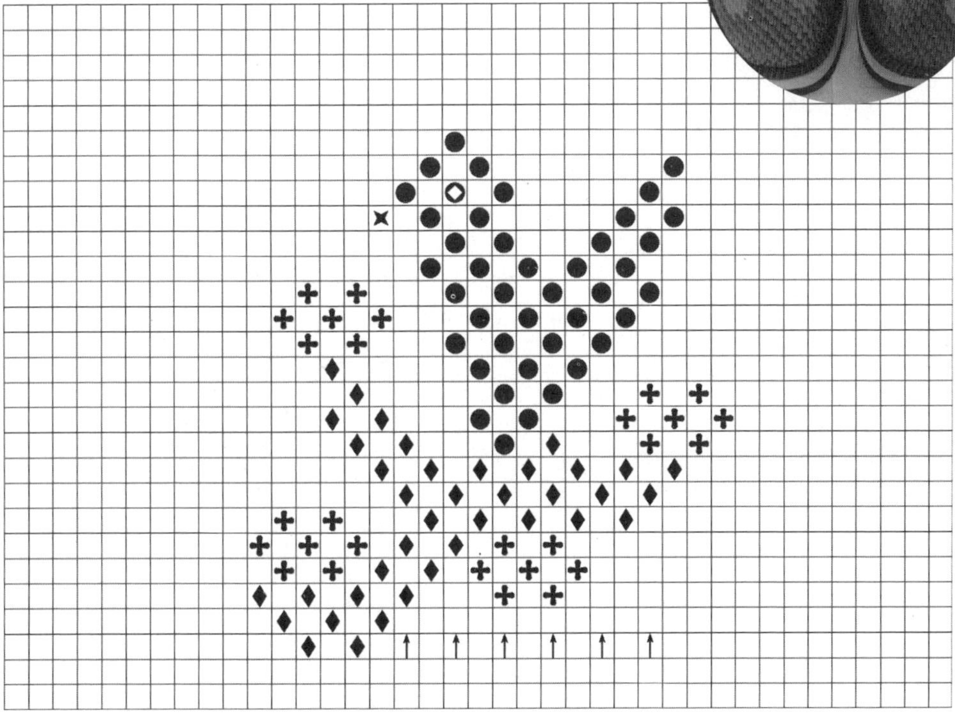

赏花

建议：8针起花

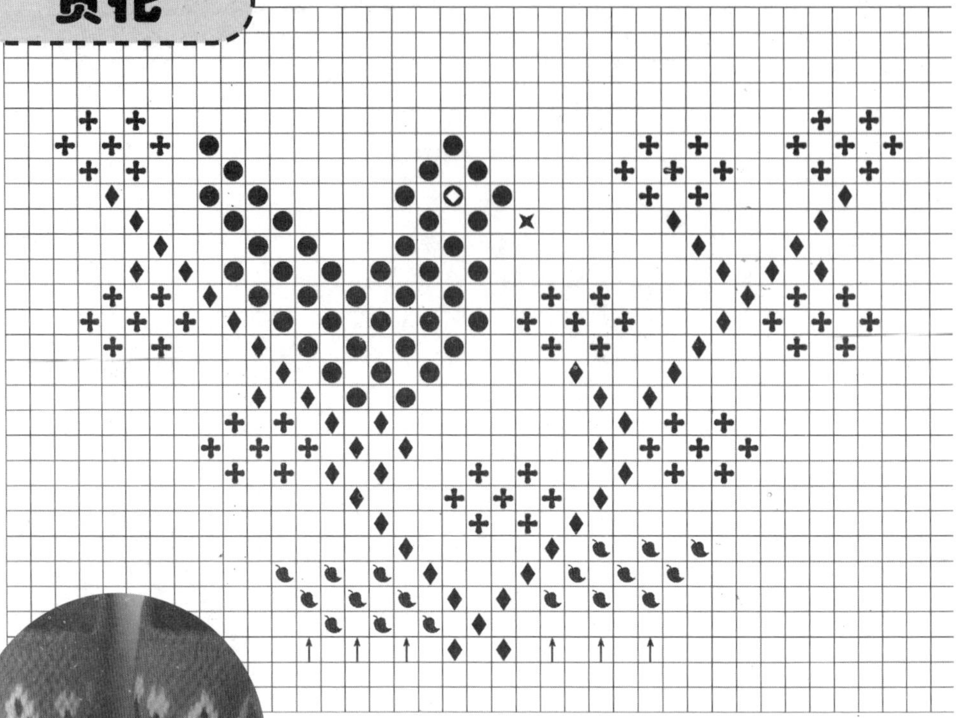

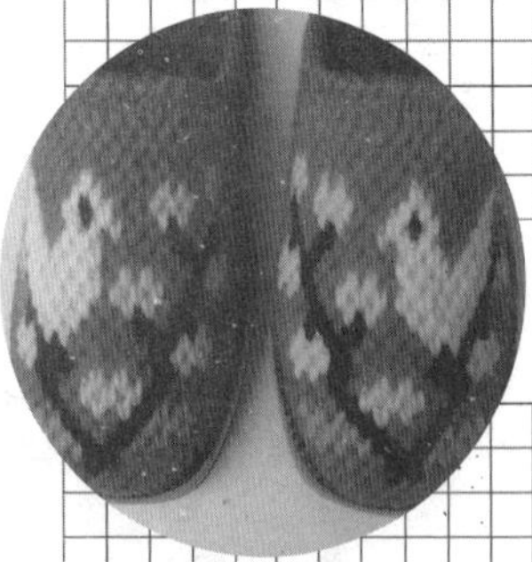

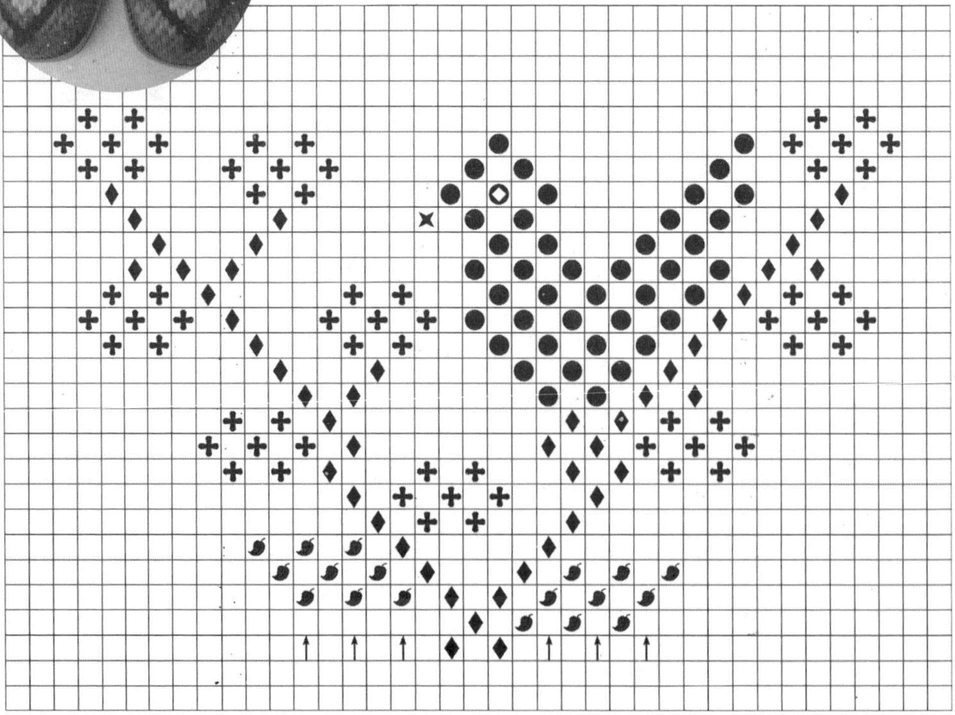

建议：7 针起花

惬意

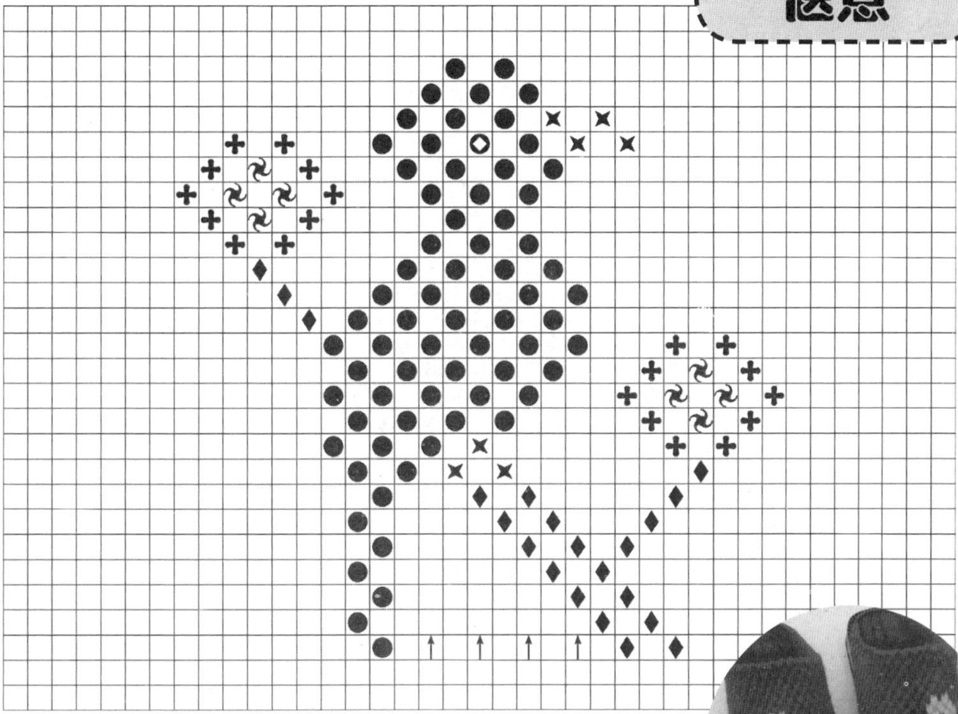

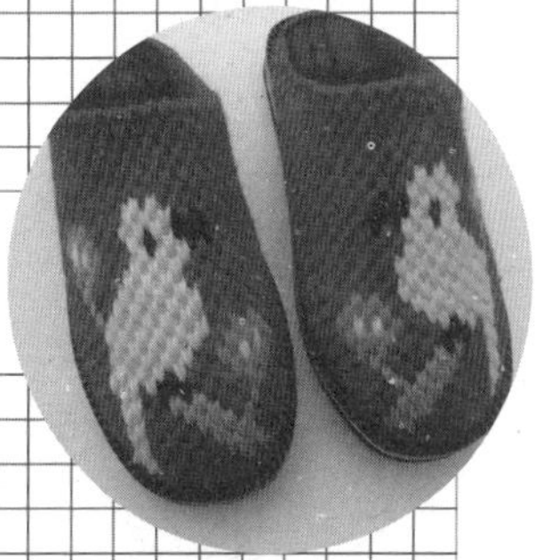

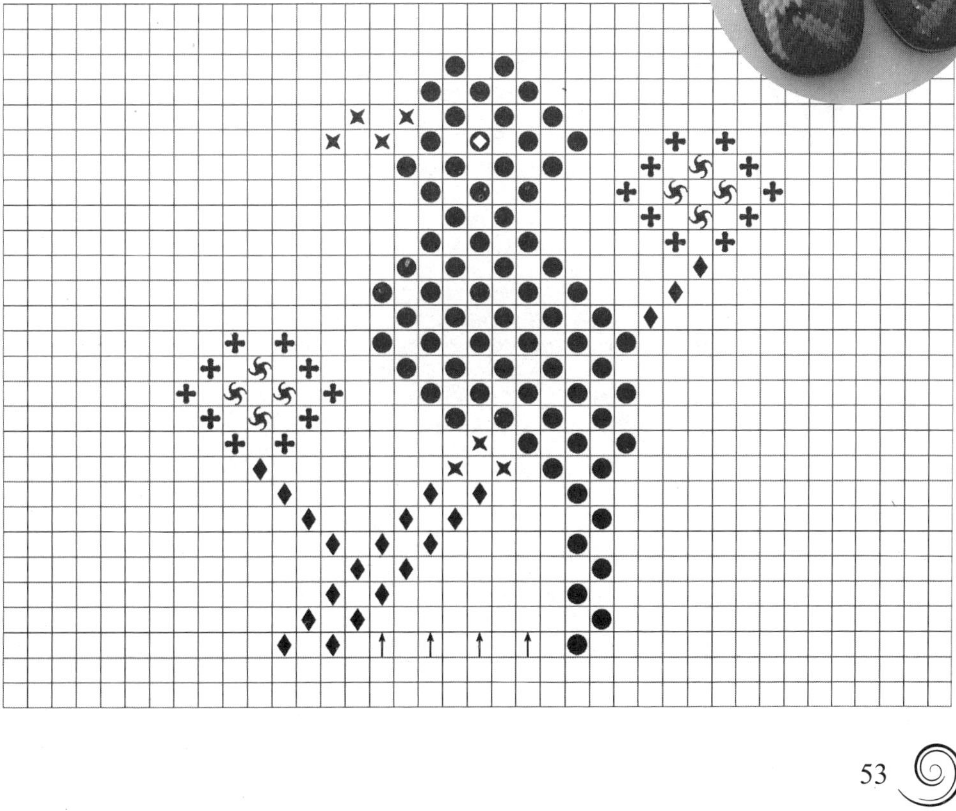

傲立

建议：9针起花

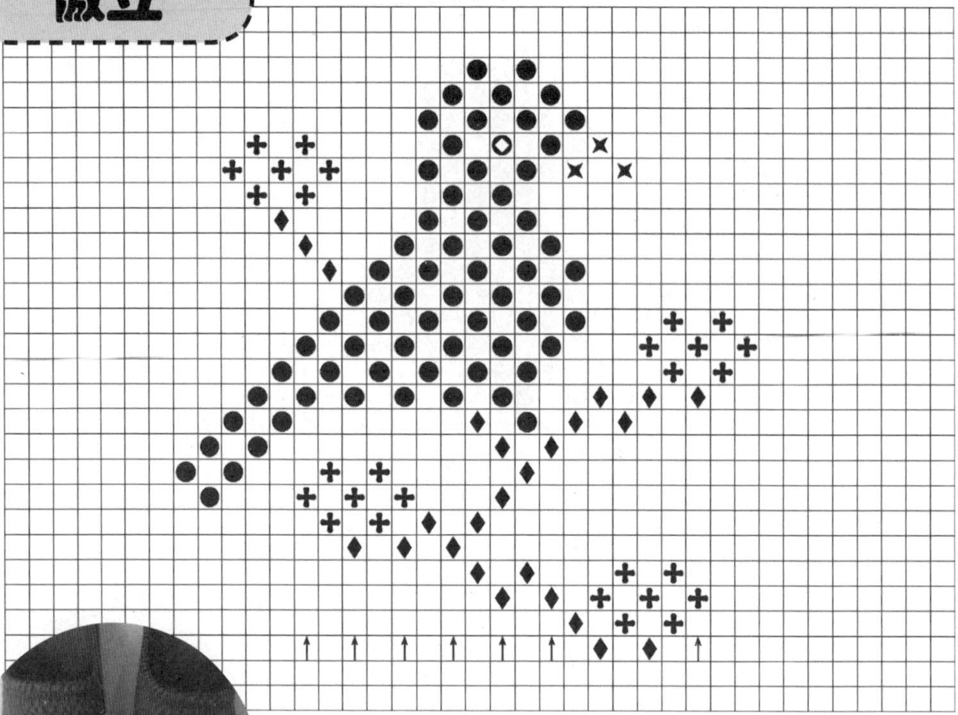

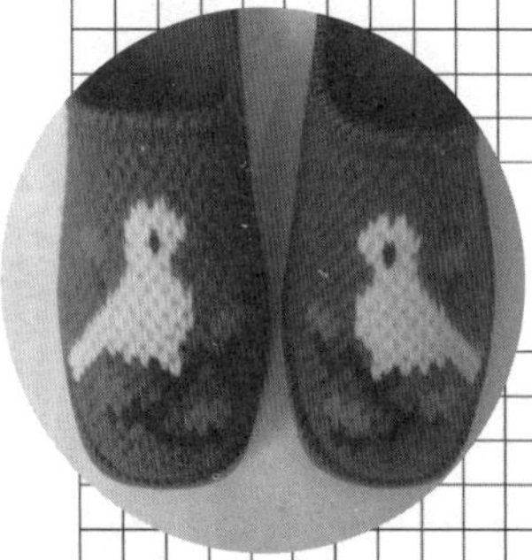

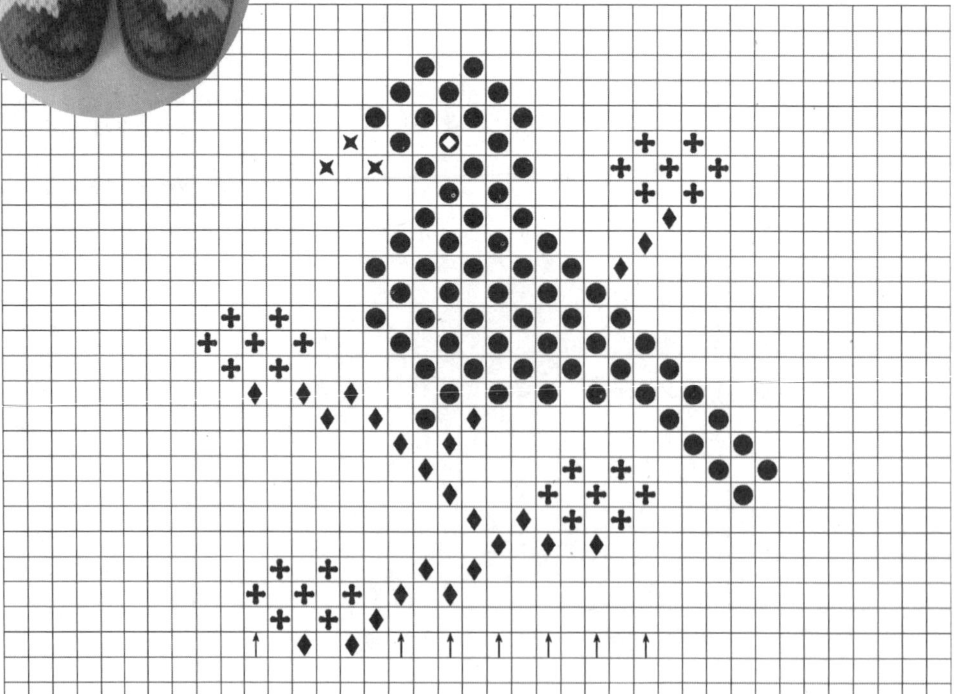

花鸟交映

建议：6针起花

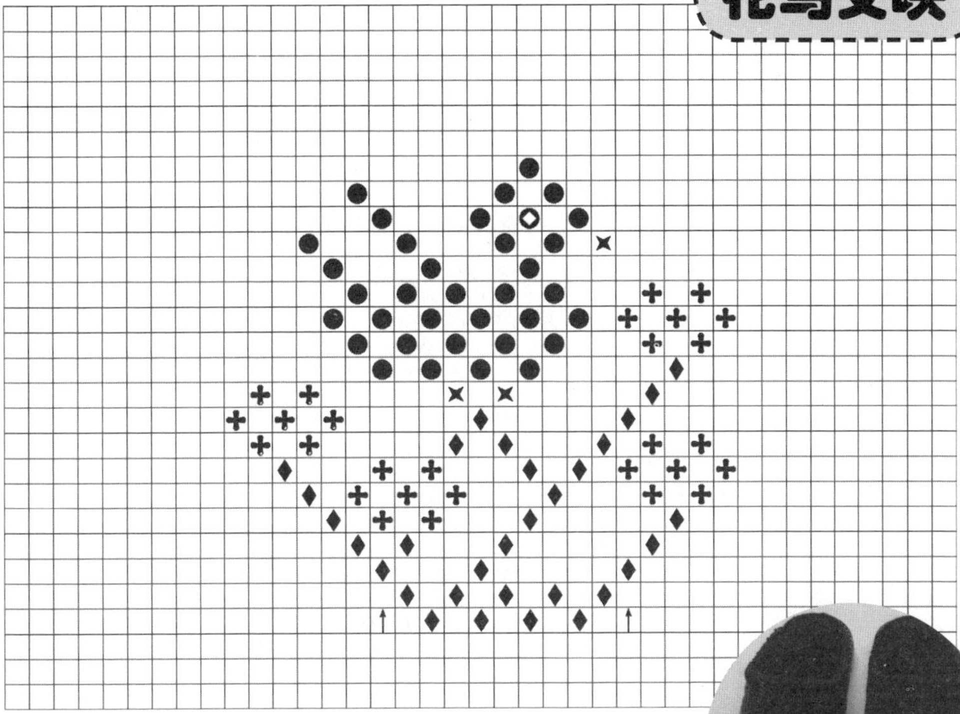

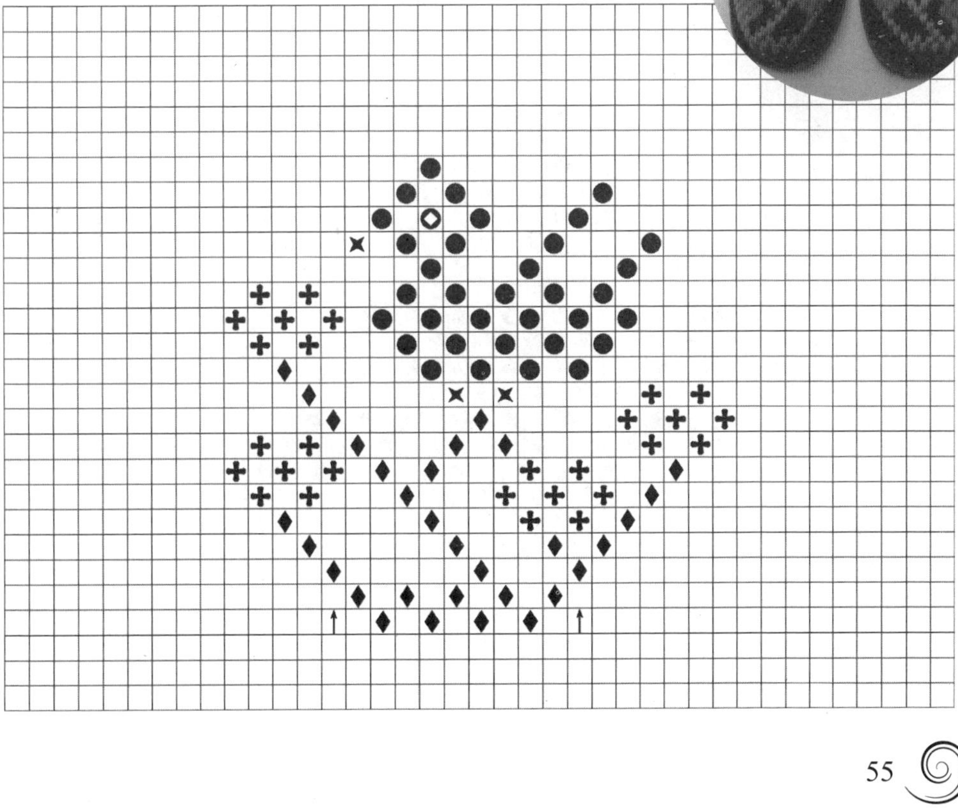

盼望

建议：7 针起花

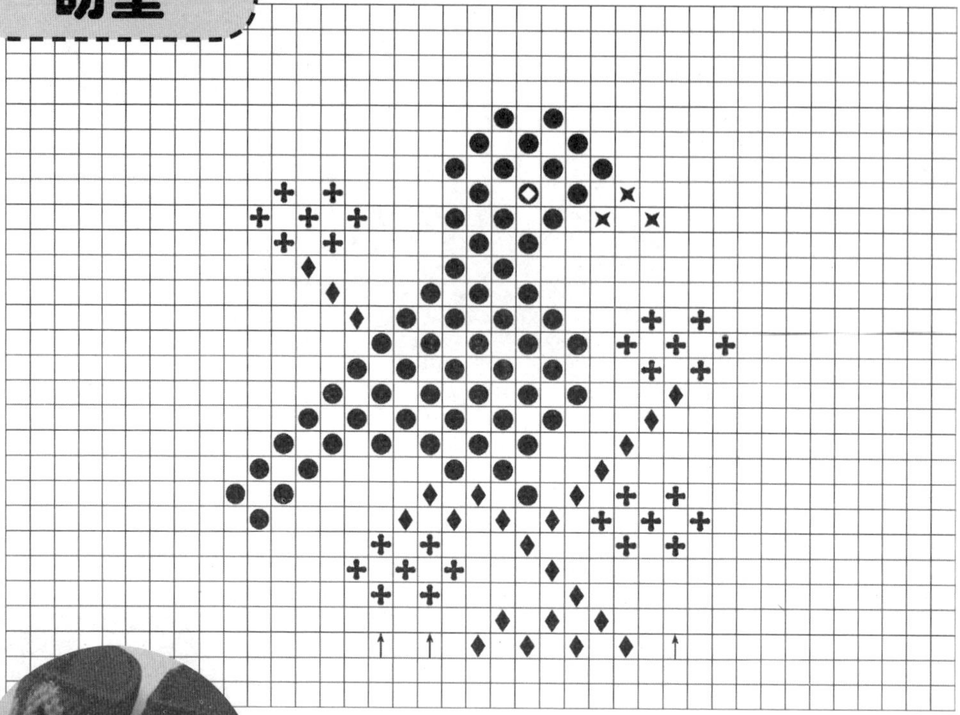

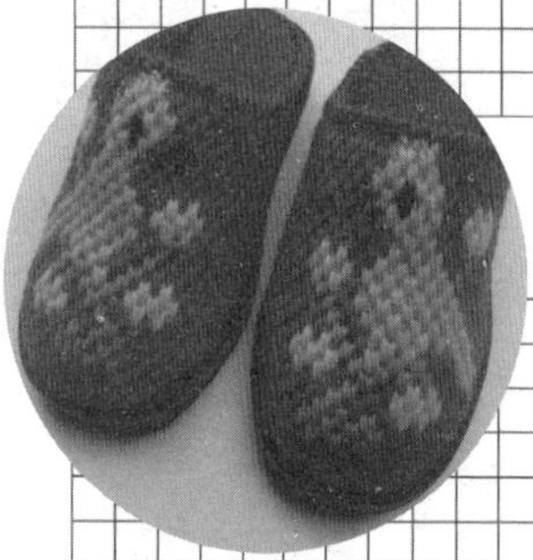

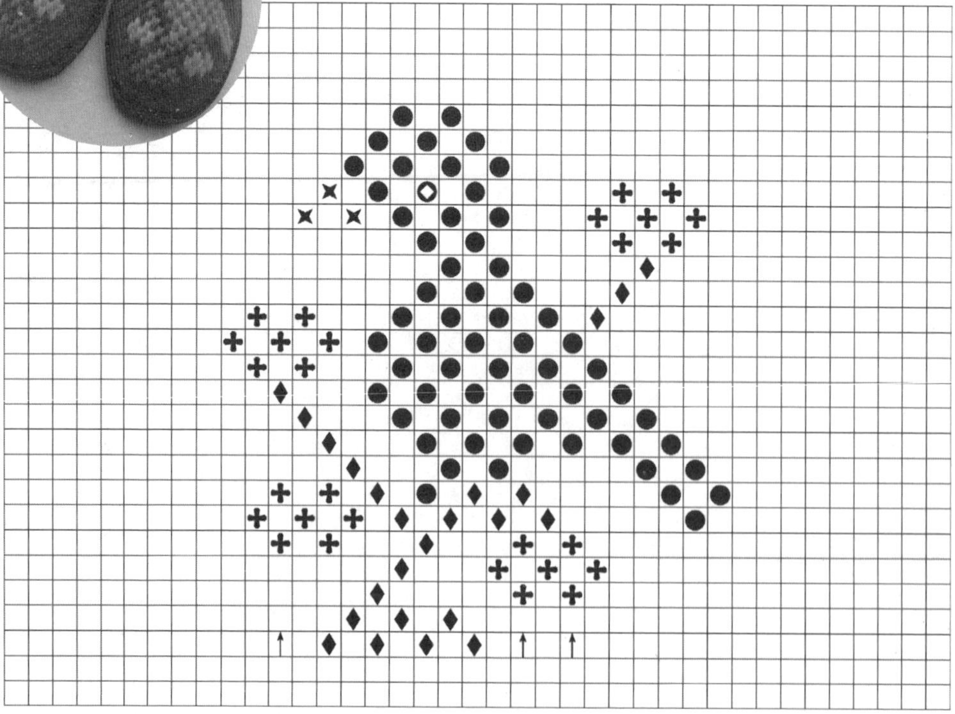

张望

建议：9针起花

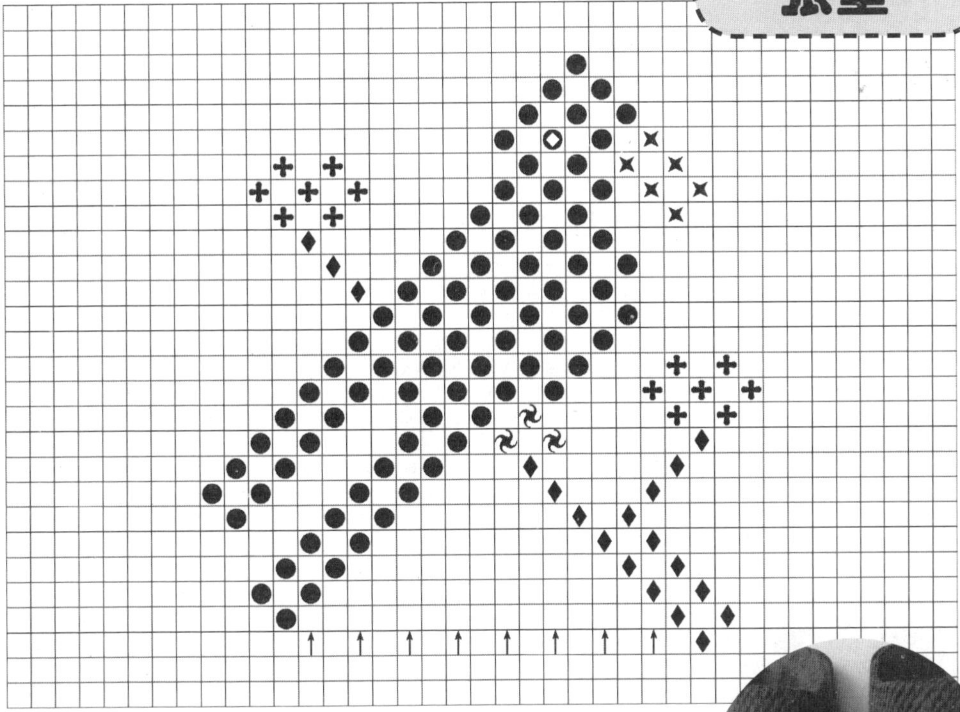

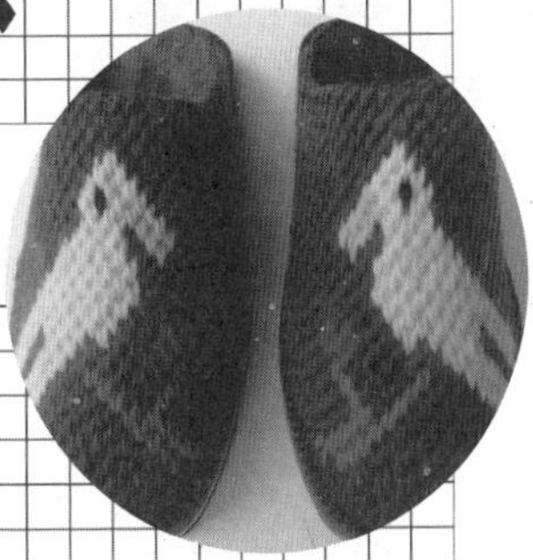

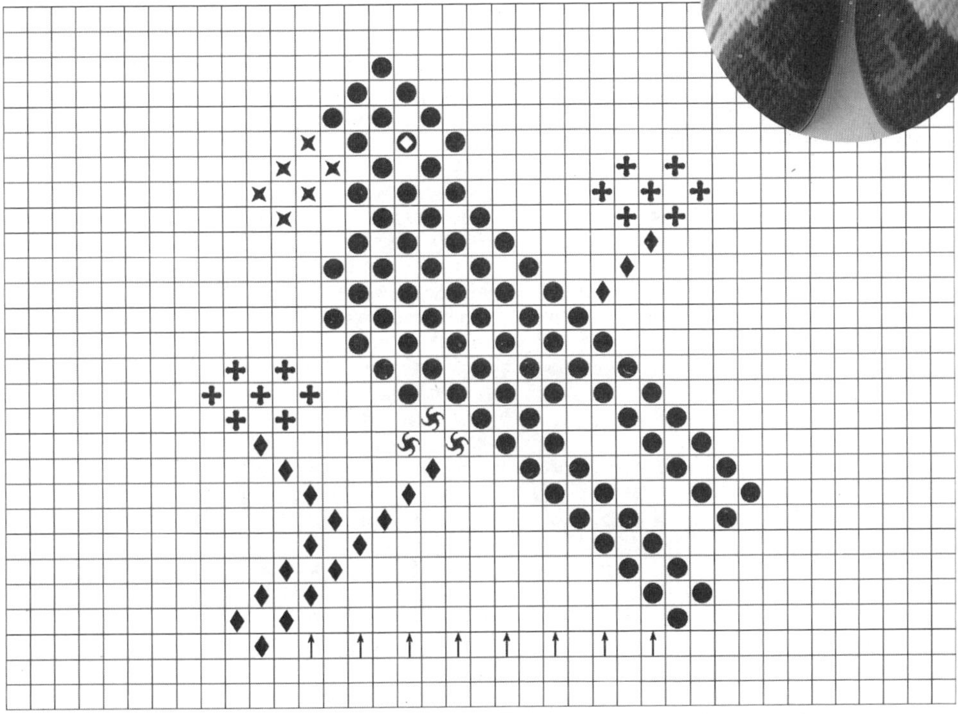

欢呼

建议：8 针起花

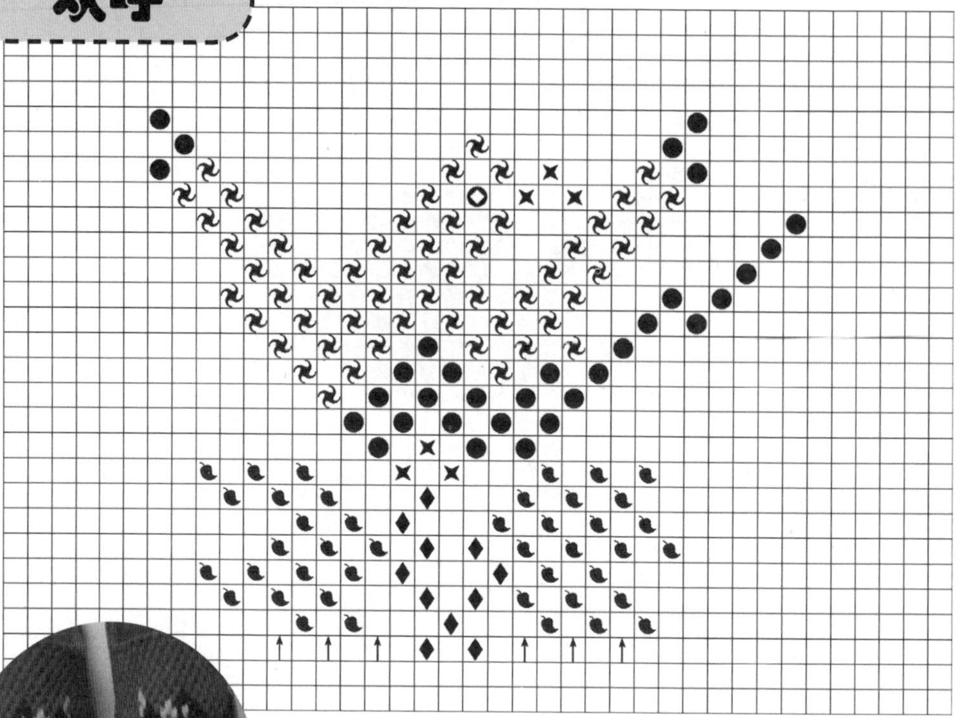

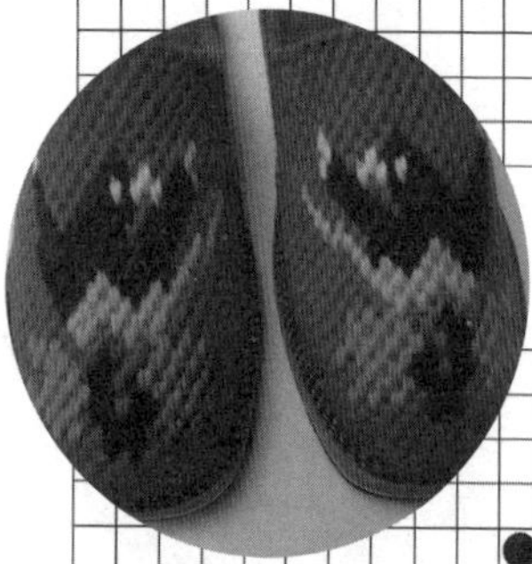

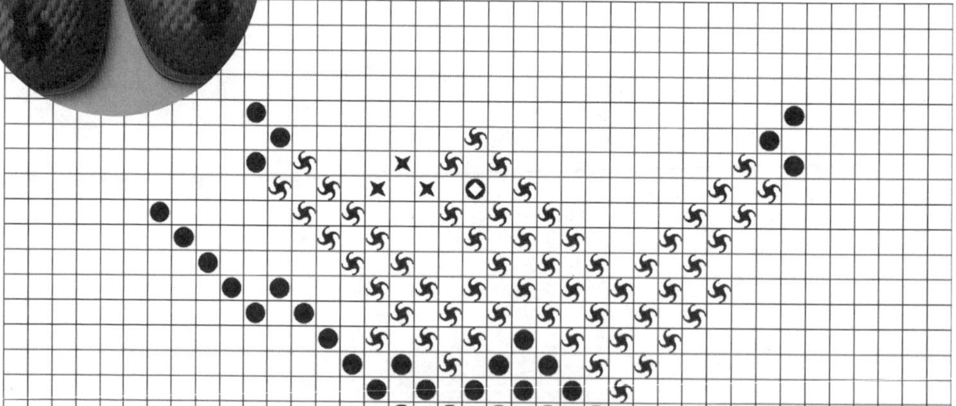

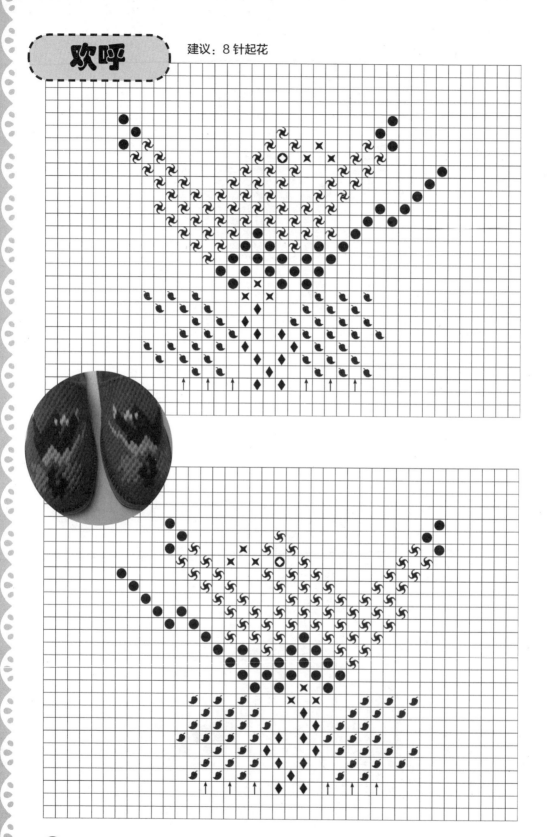

建议：9针起花

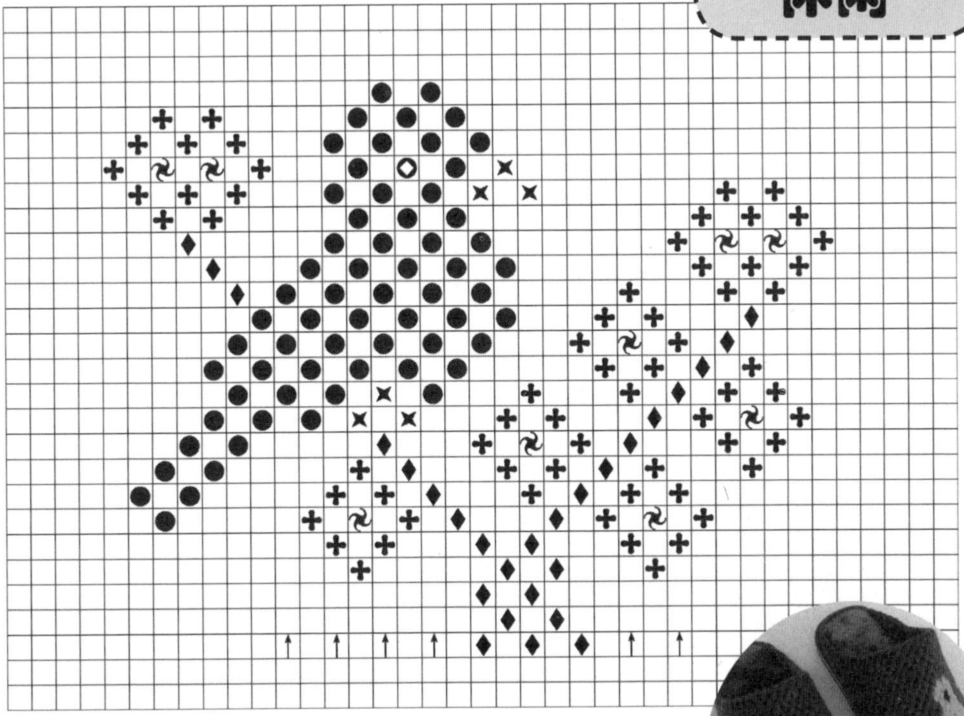

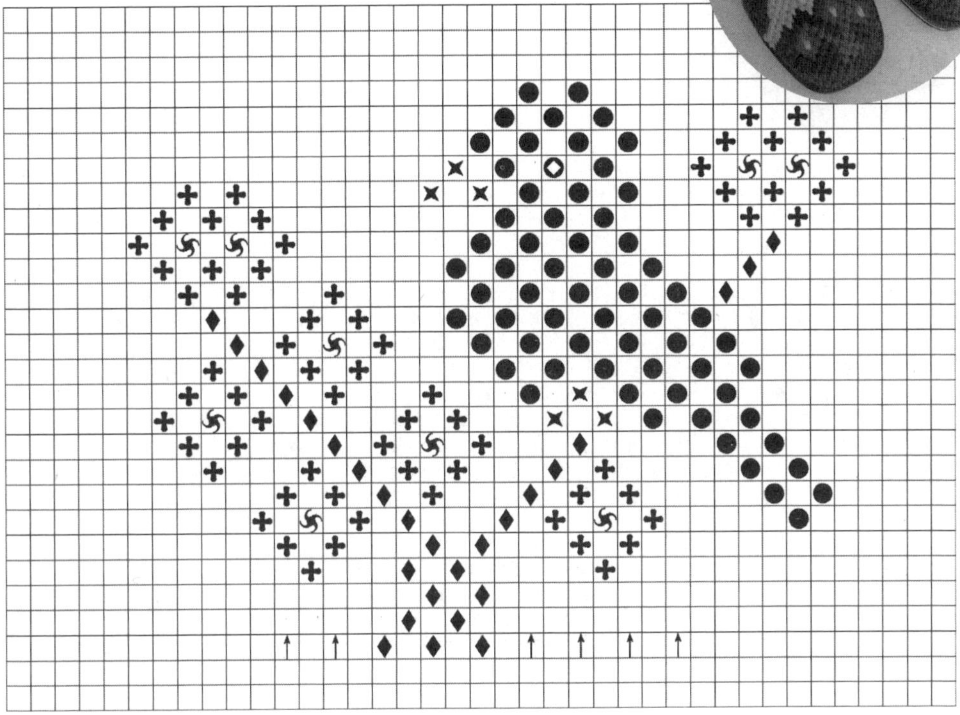

展翅欲飞

建议：9针起花

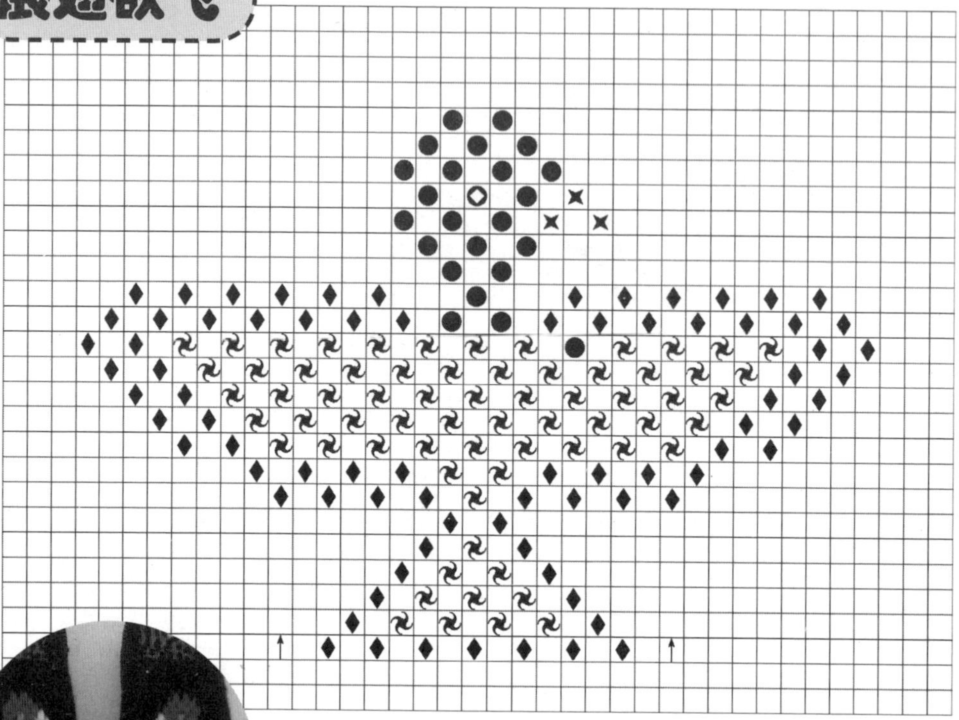

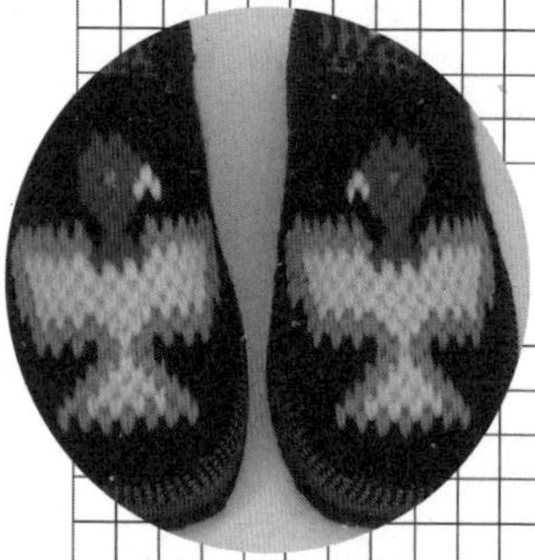

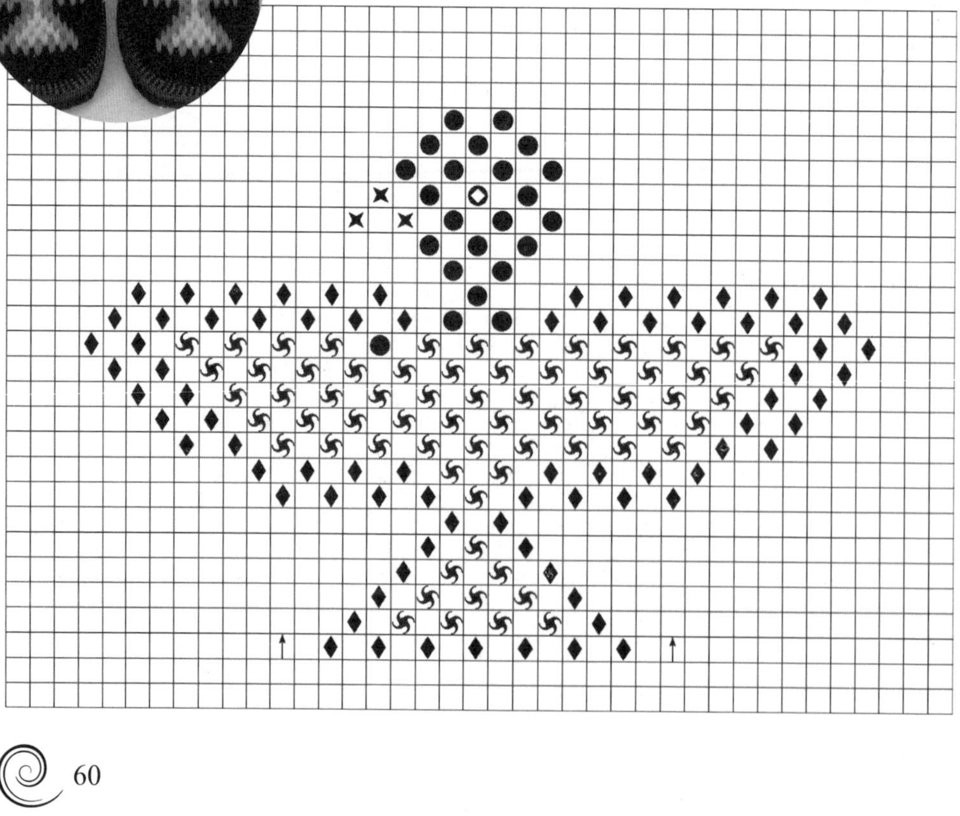

啄木鸟

建议：8 针起花

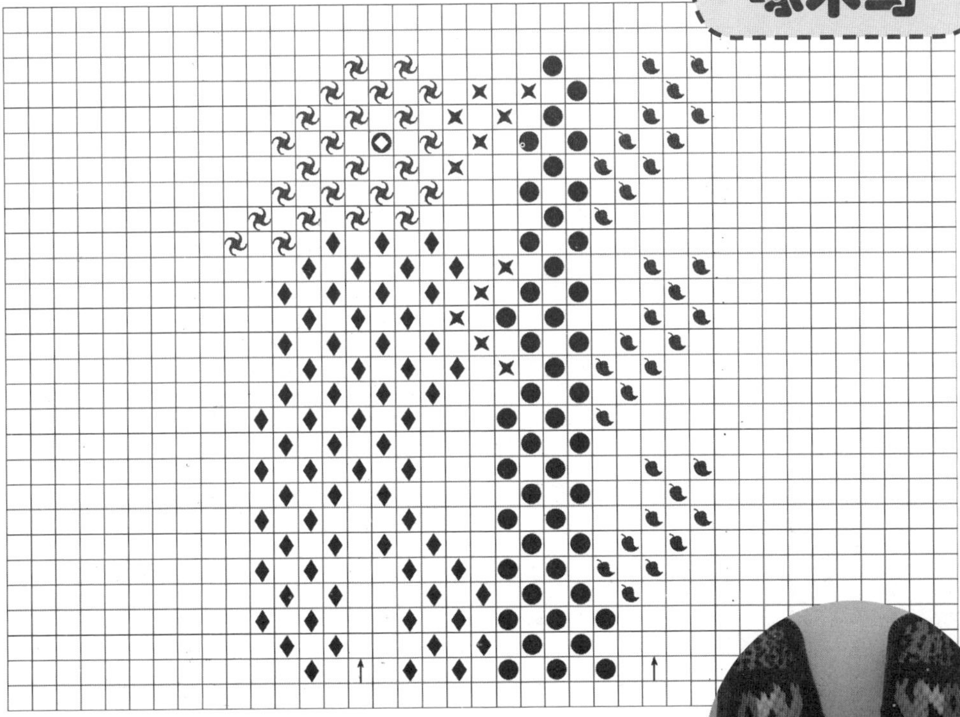

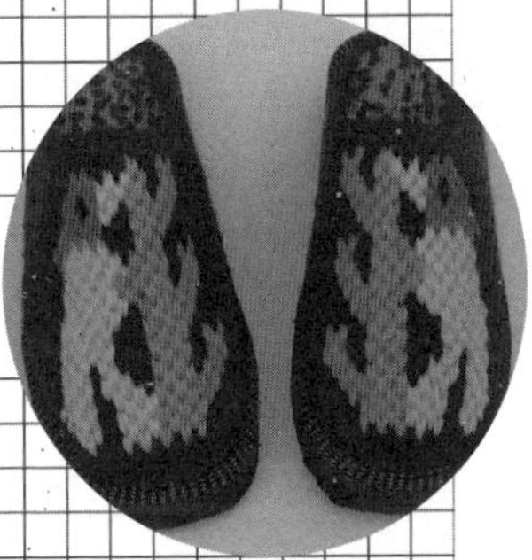

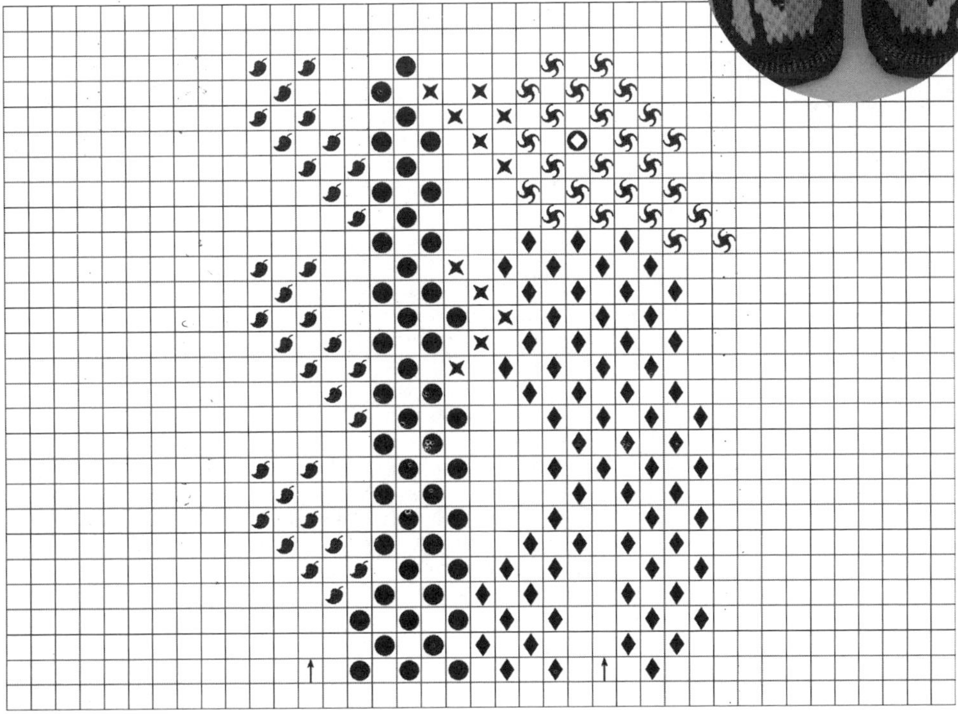

喜从天降

建议：6 针起花

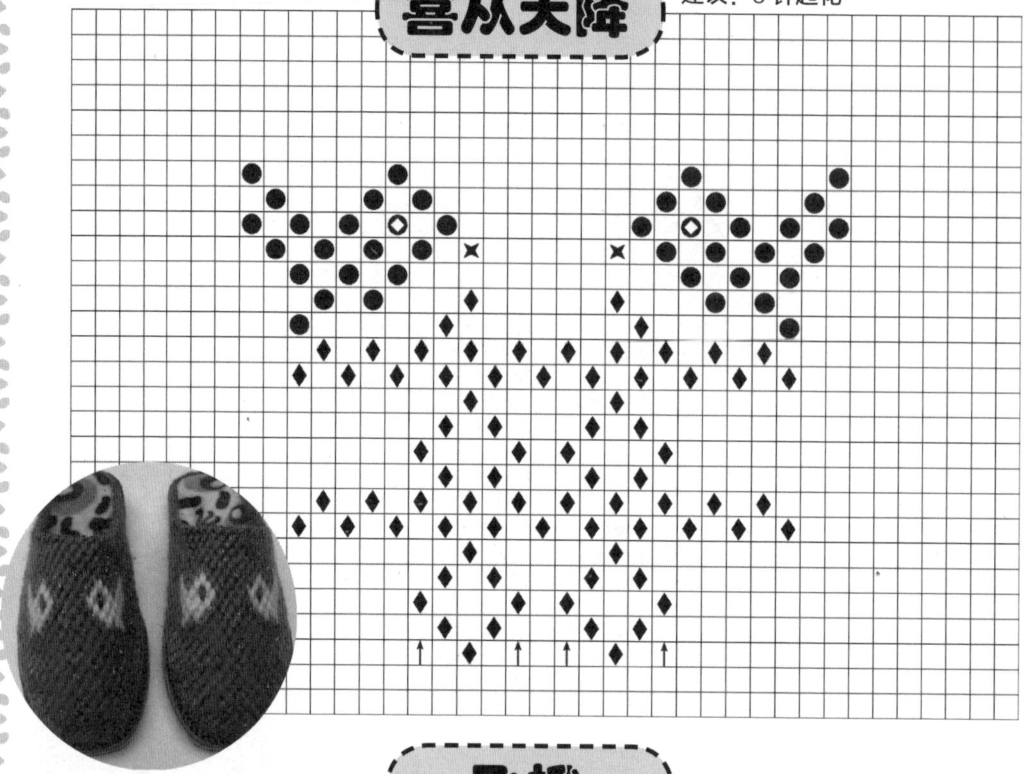

飞蛾

建议：无

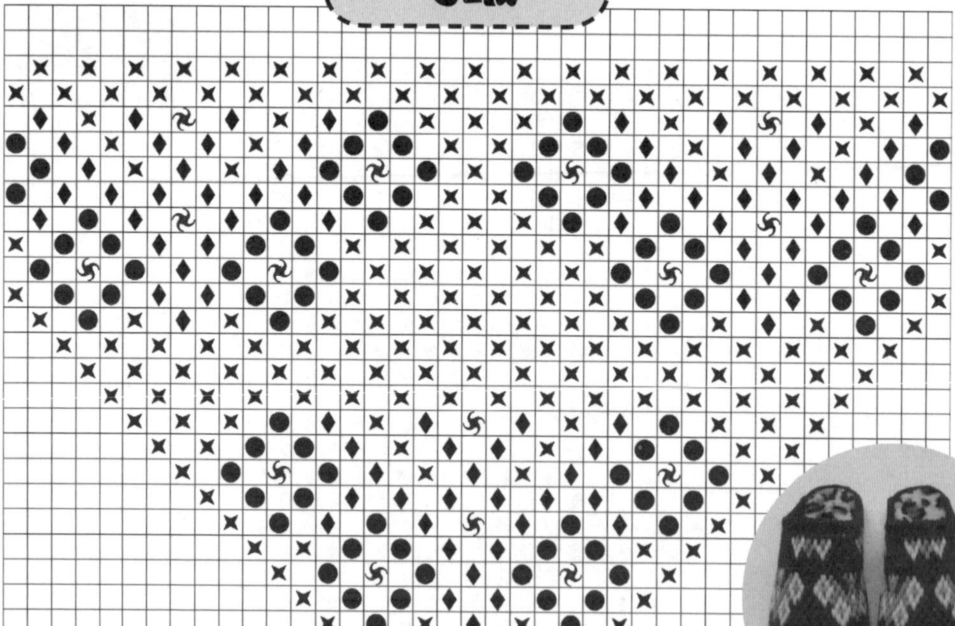

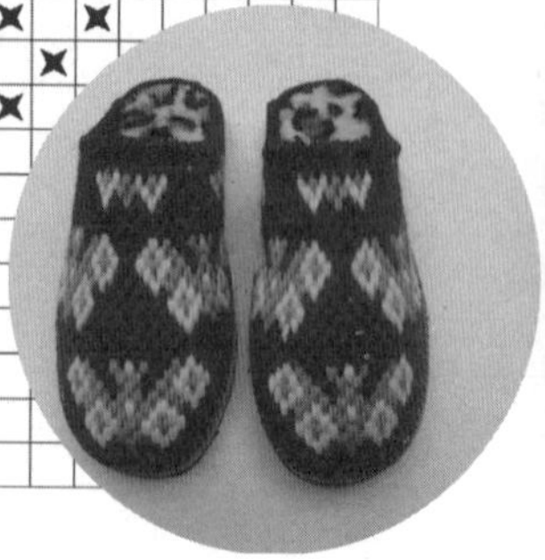

蜻蜓

建议：9针起花

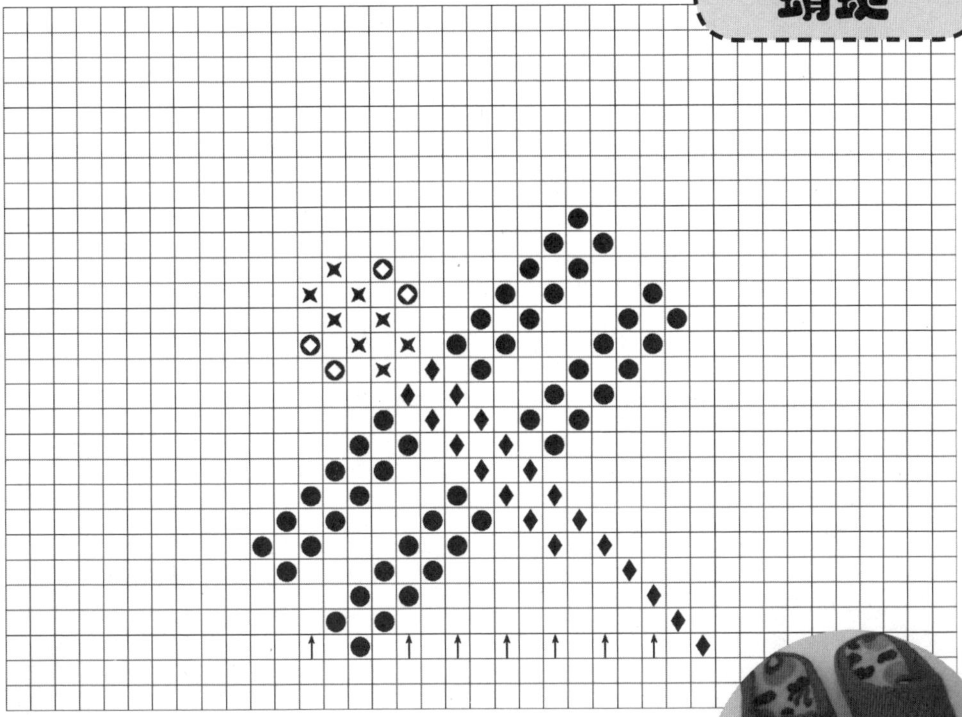

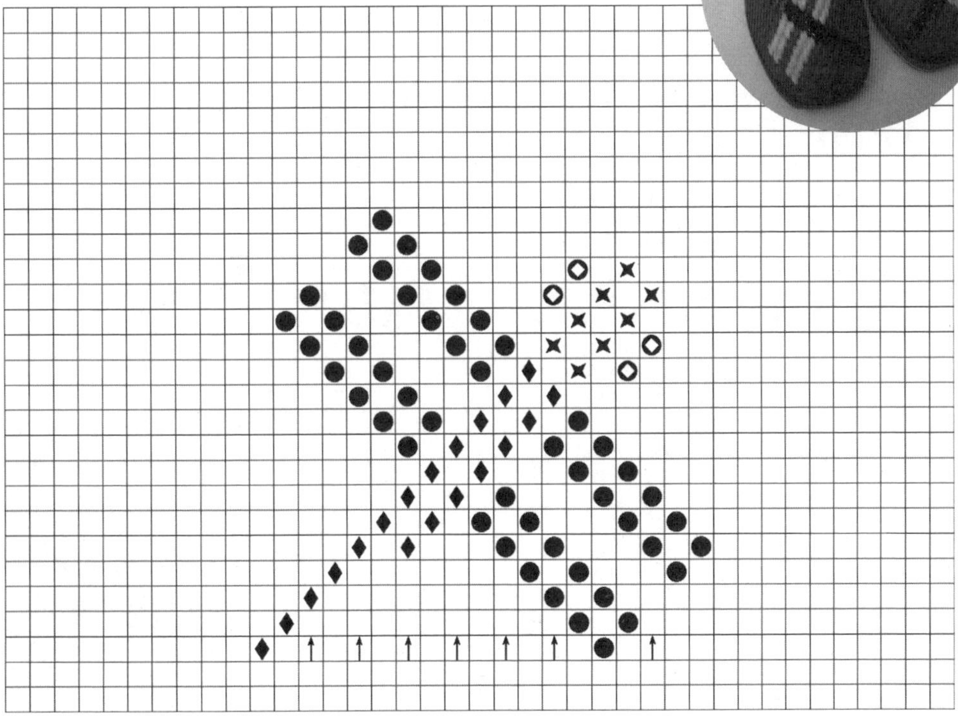

蝶恋花

建议：9针起花

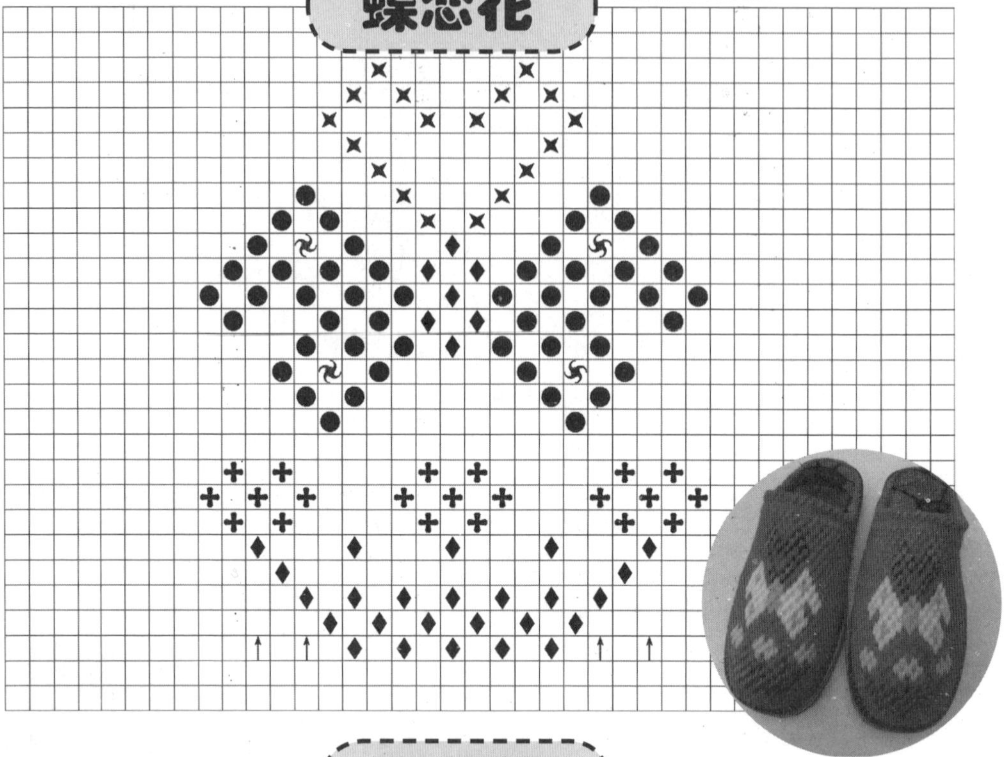

凤尾蝶

建议：8针起花

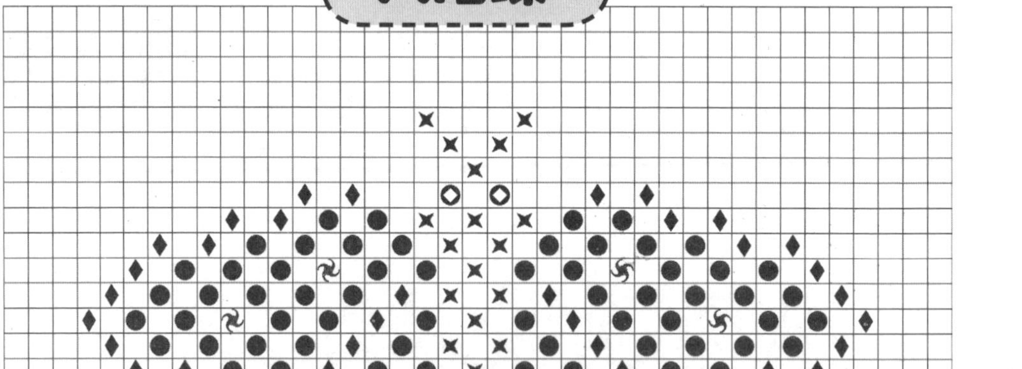

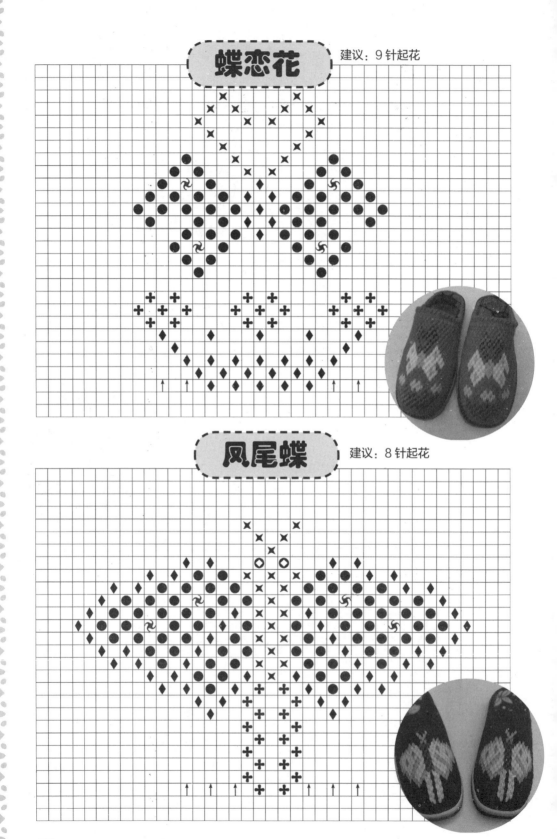

花蝴蝶

建议：8 针起花

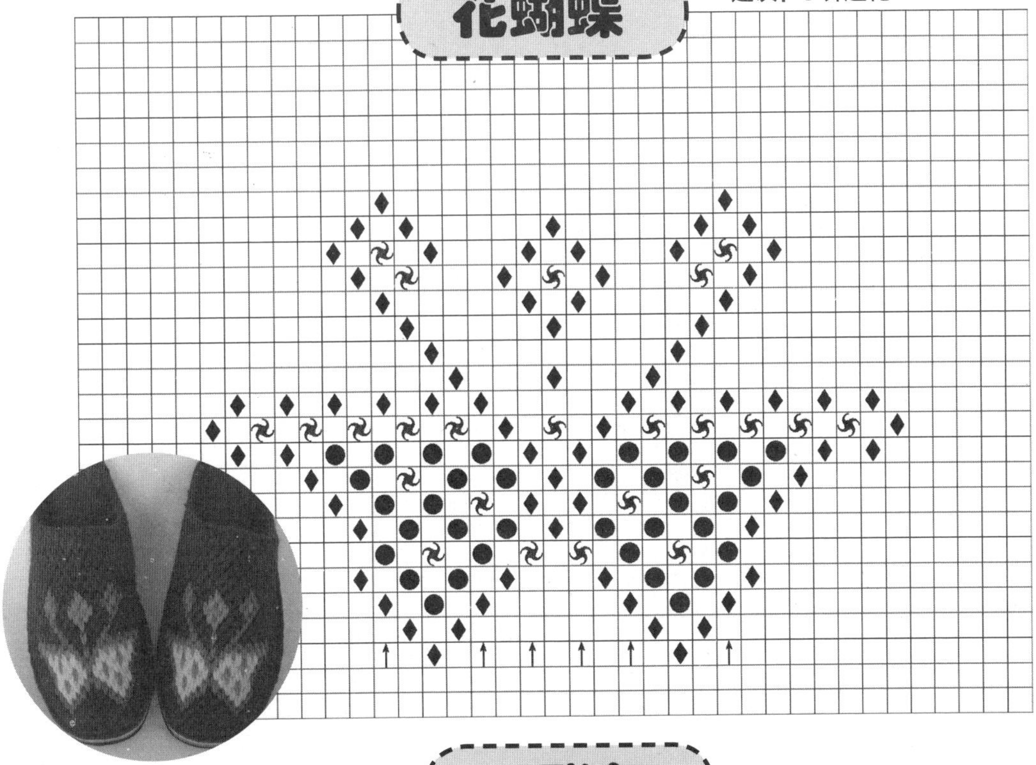

一群鱼

建议：无

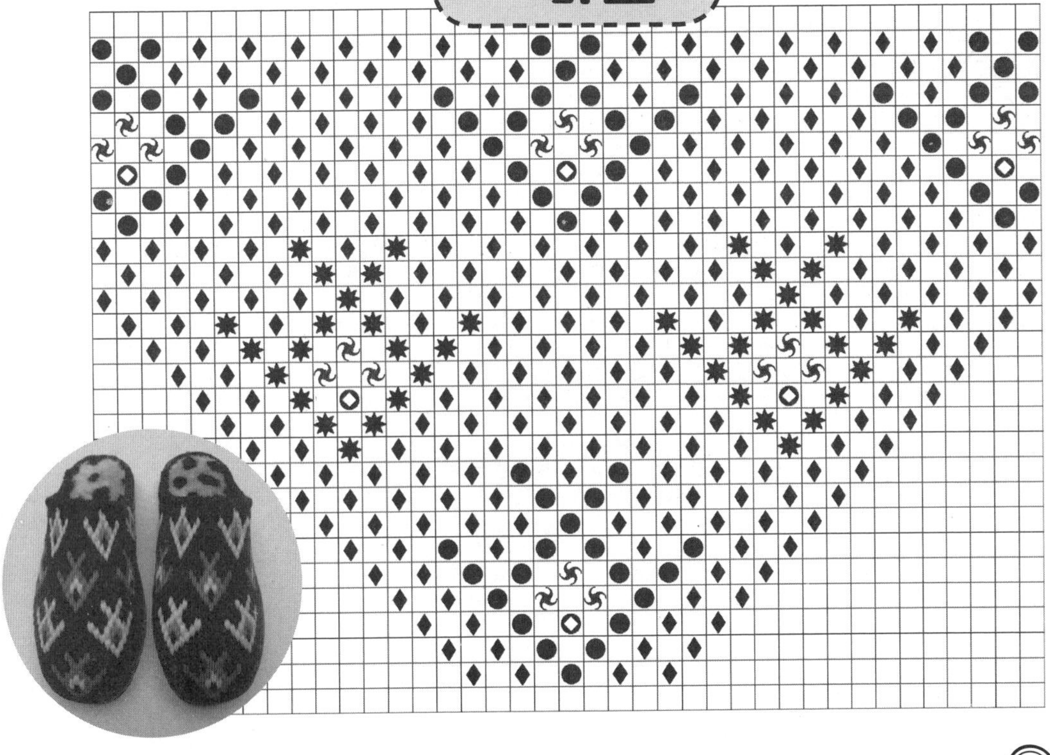

比目鱼

建议：8 针起花

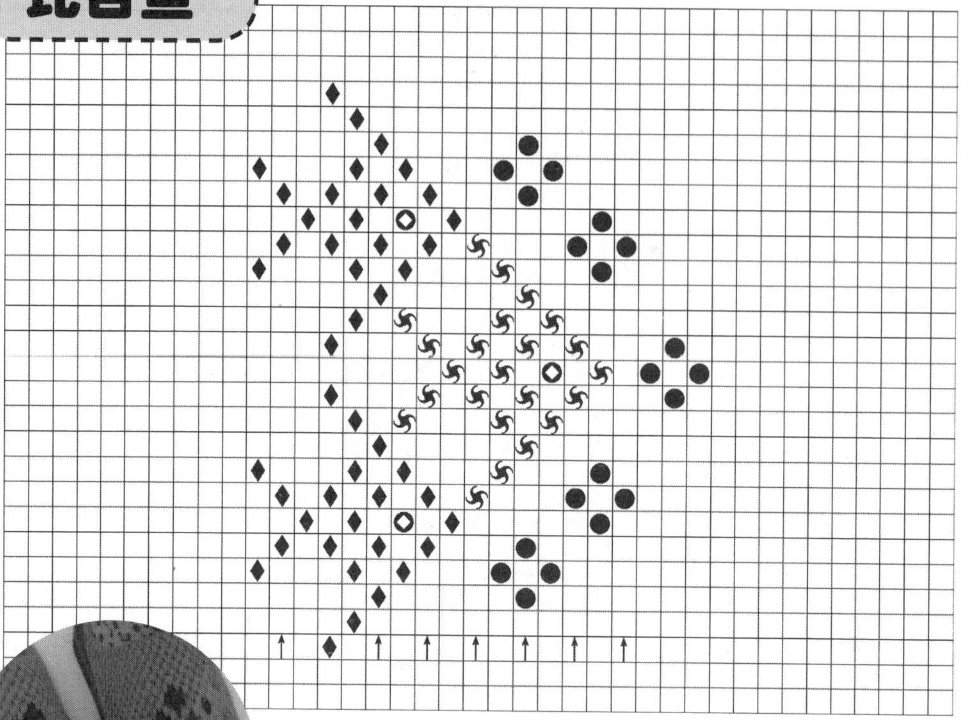

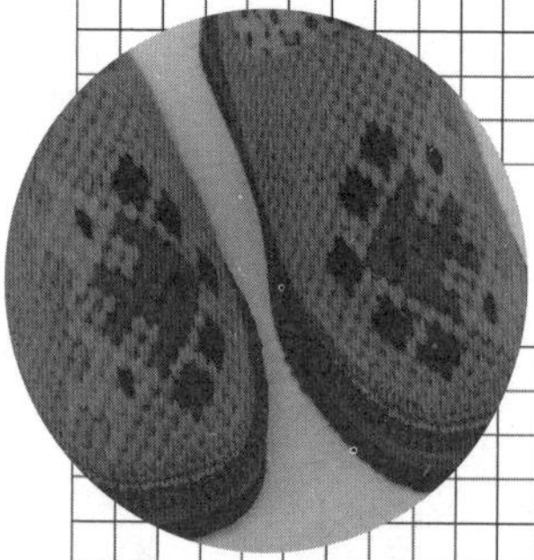

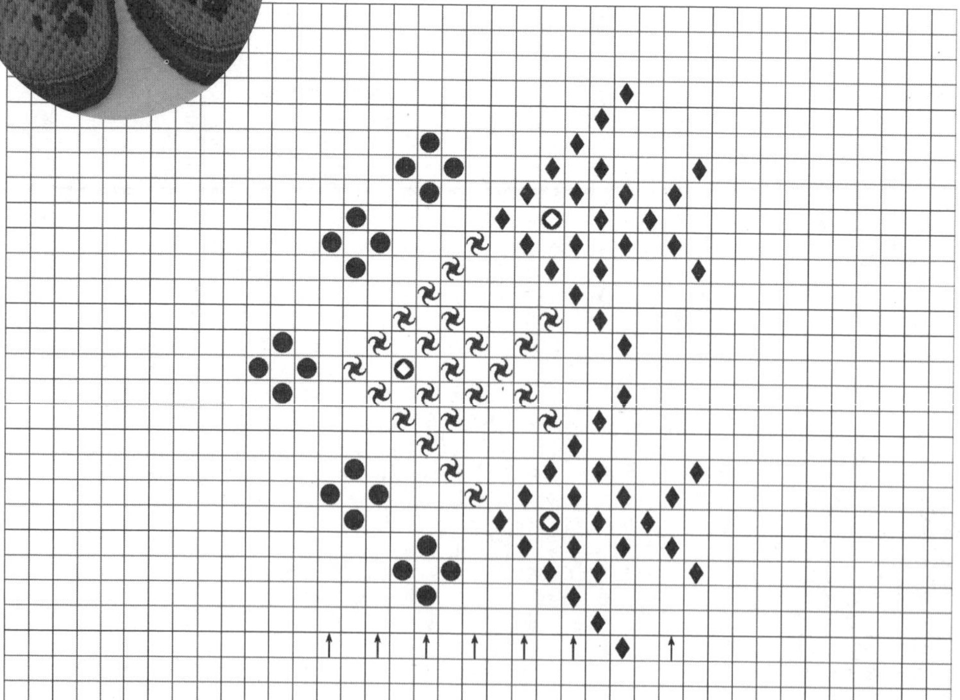

建议：9 针起花

表演

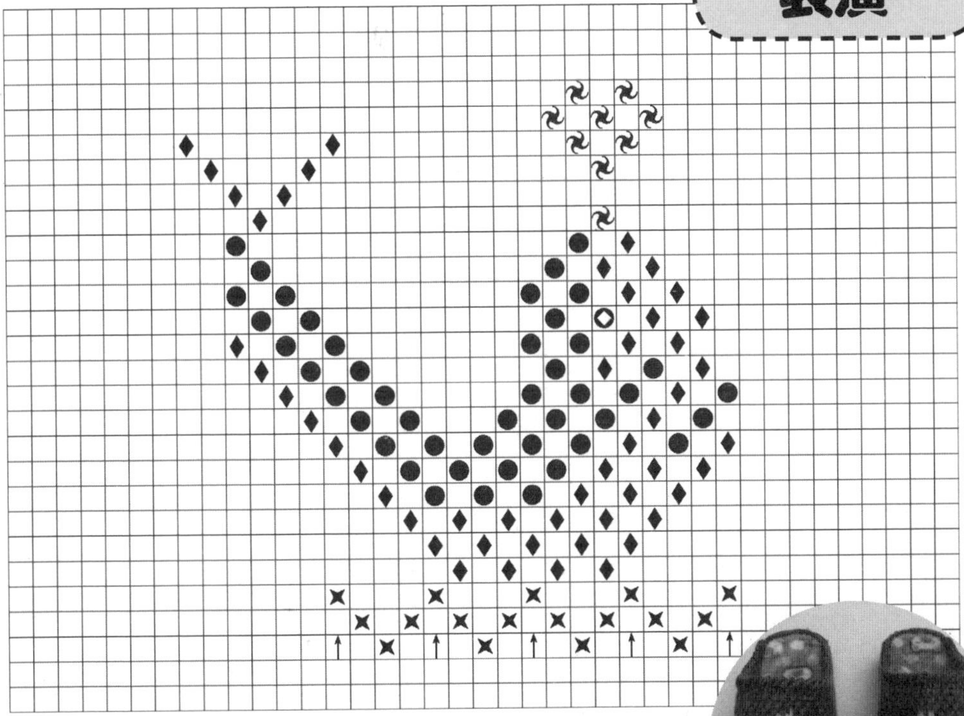

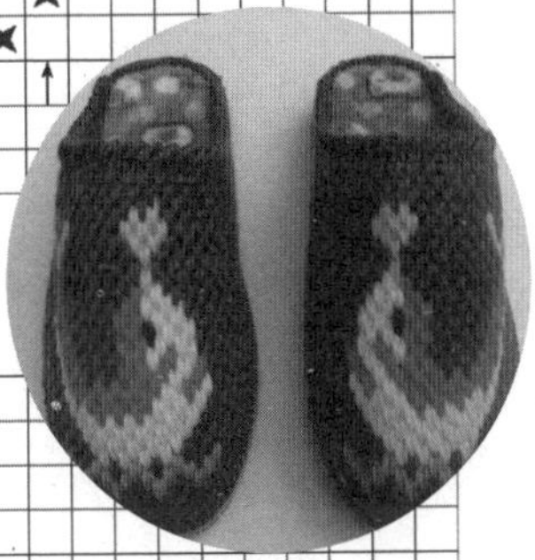

献花

建议：7 针起花

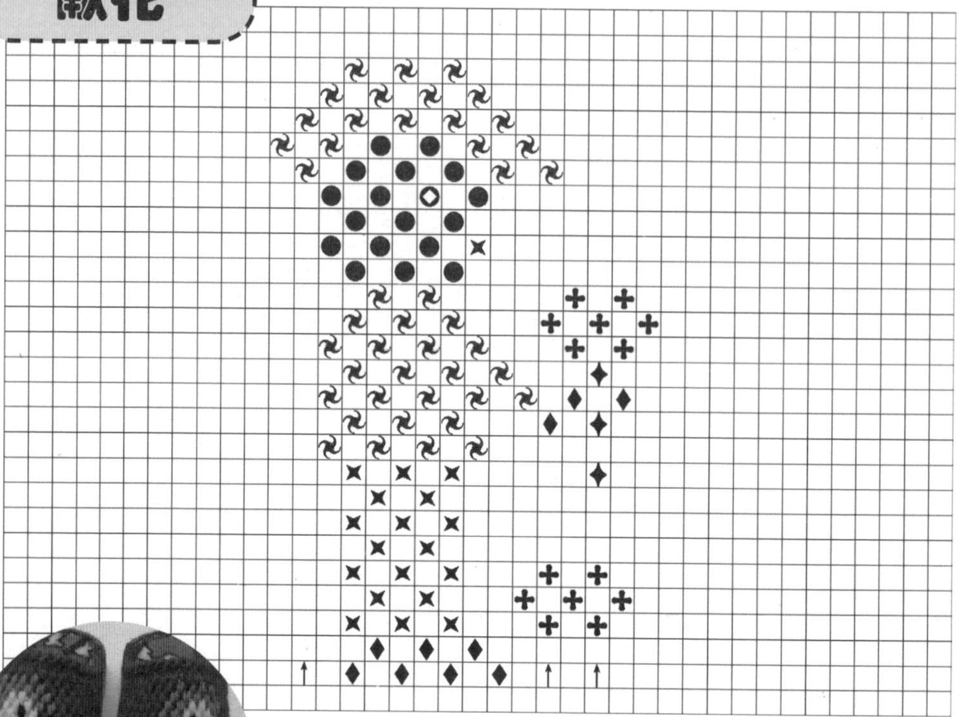

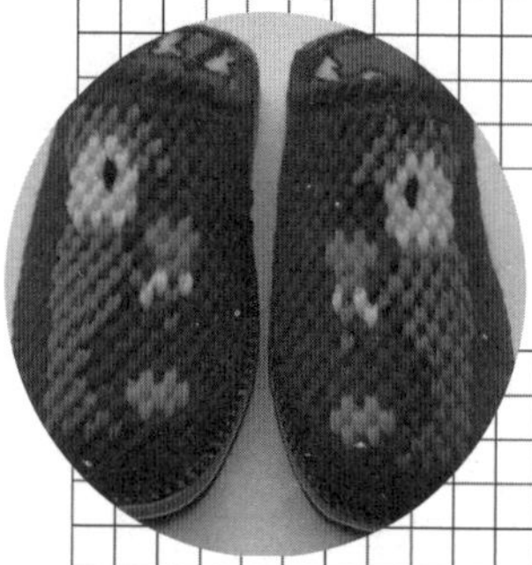

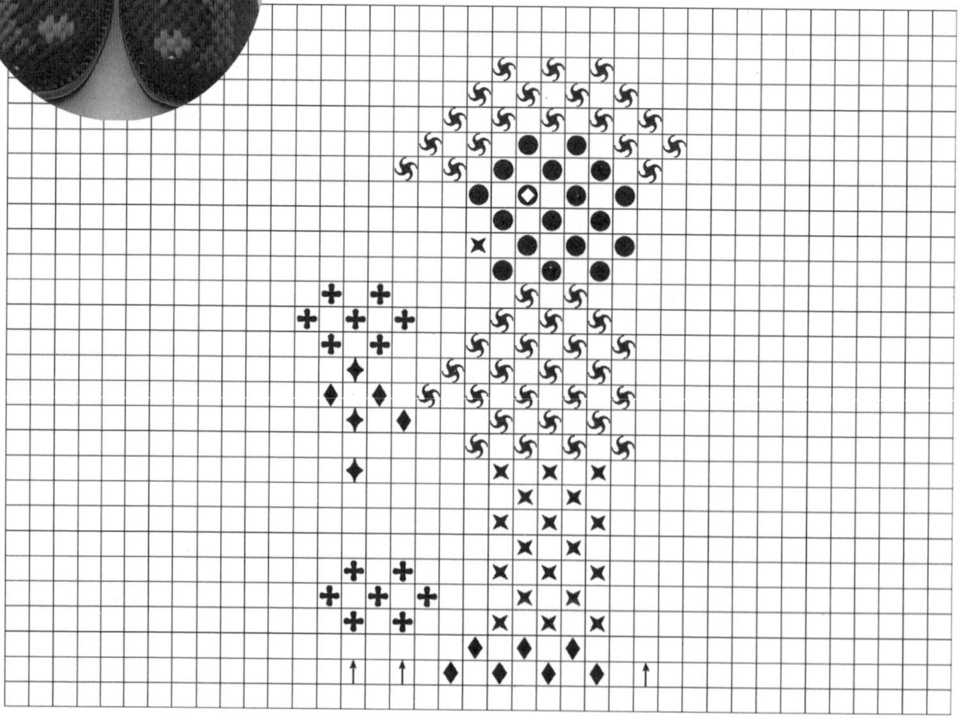

美人鱼

建议：9 针起花

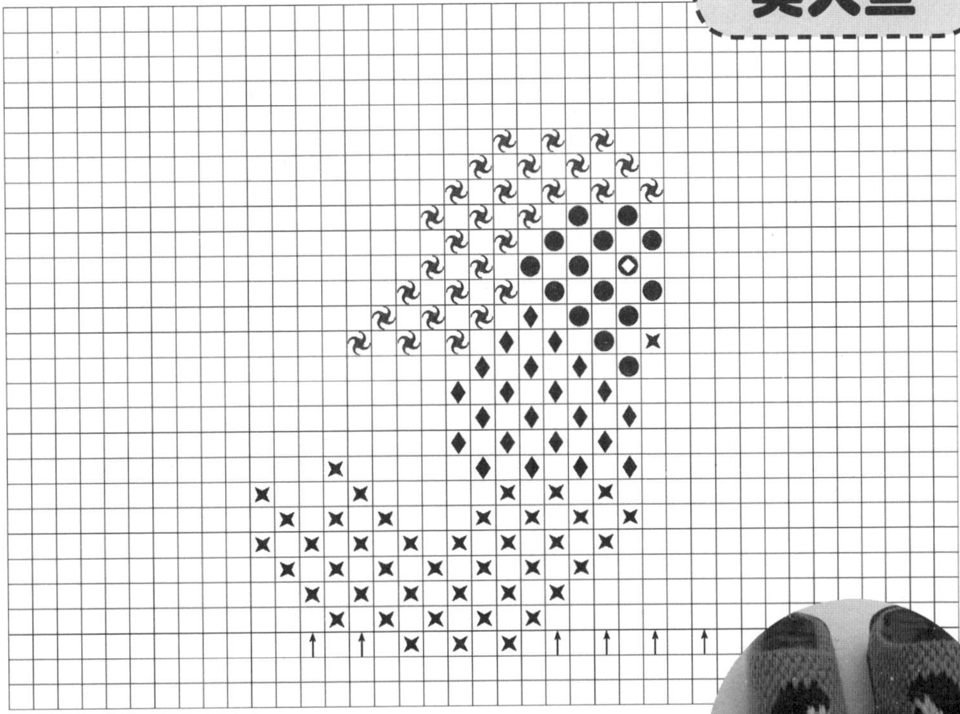

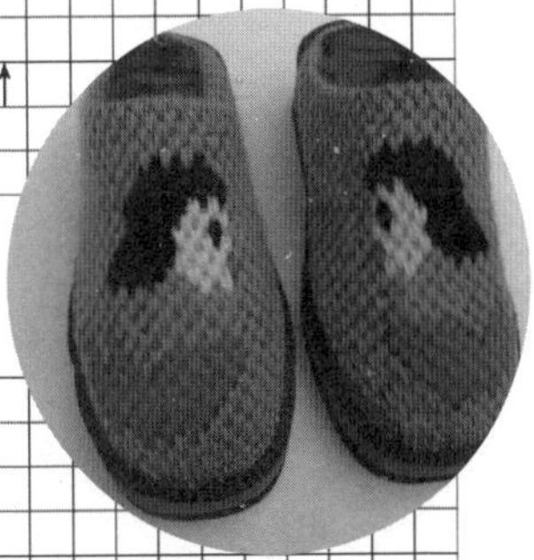

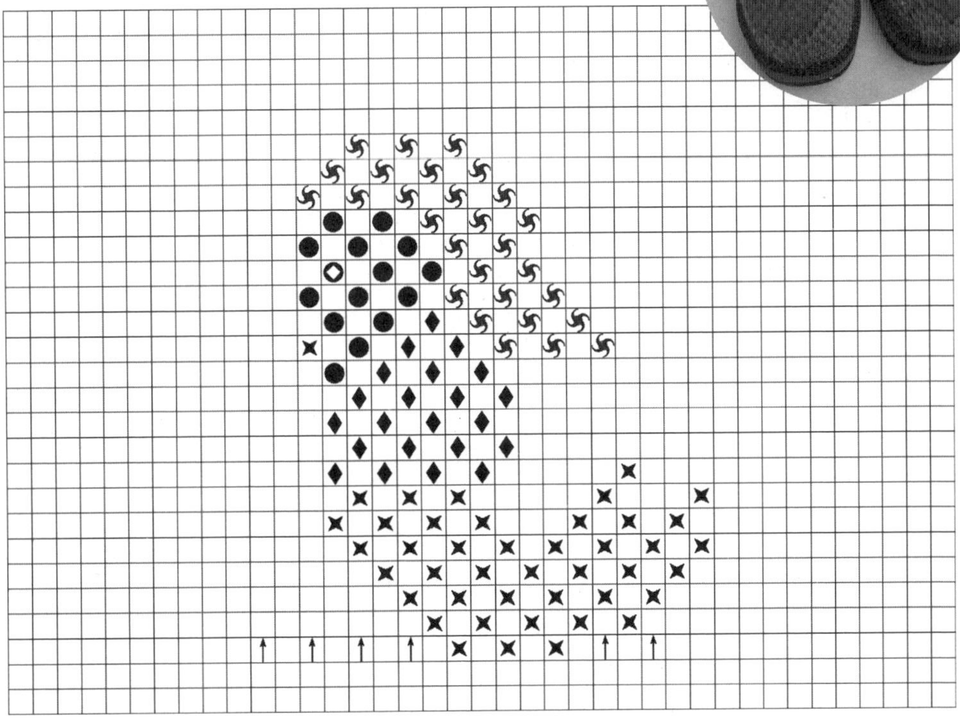

小姑娘

建议：9针起花

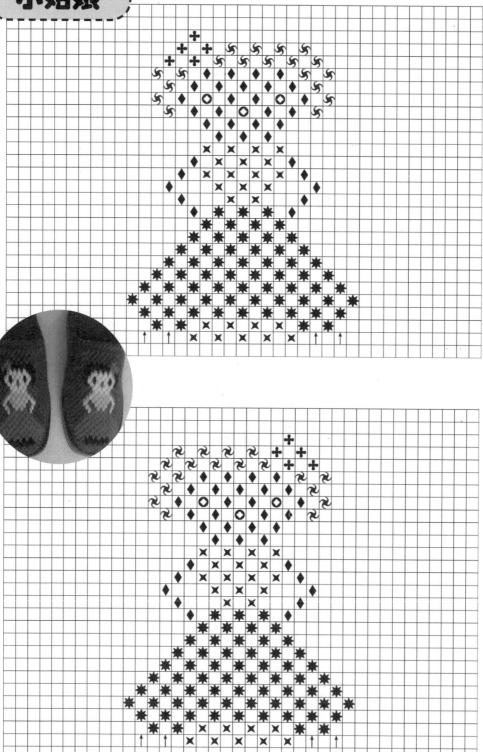

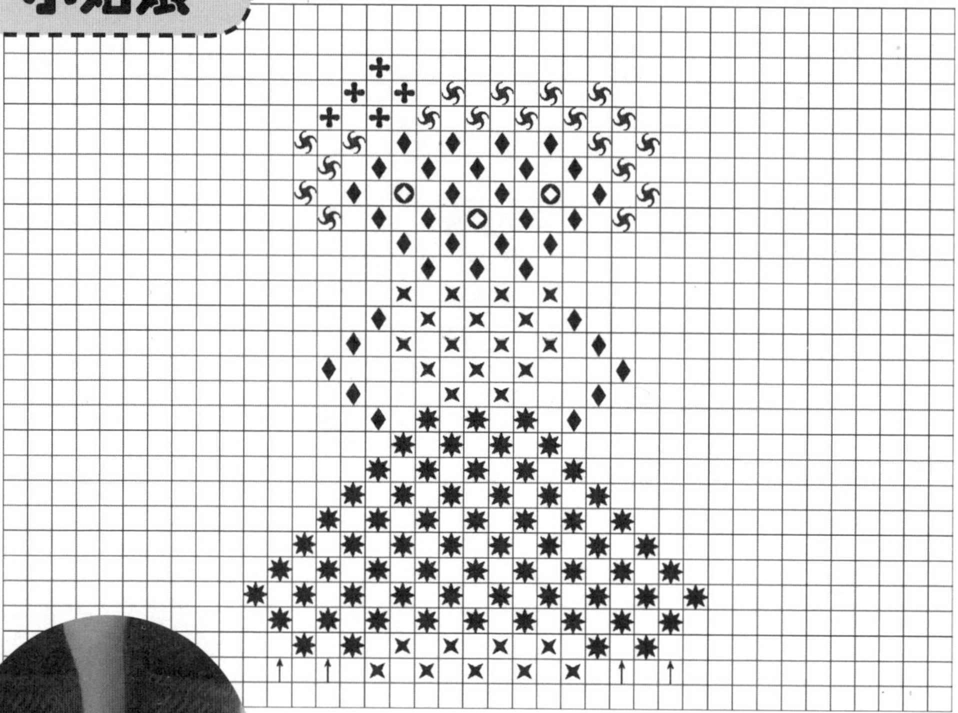

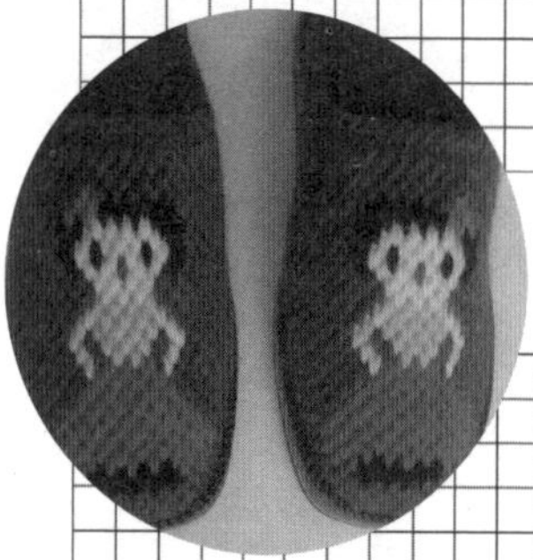

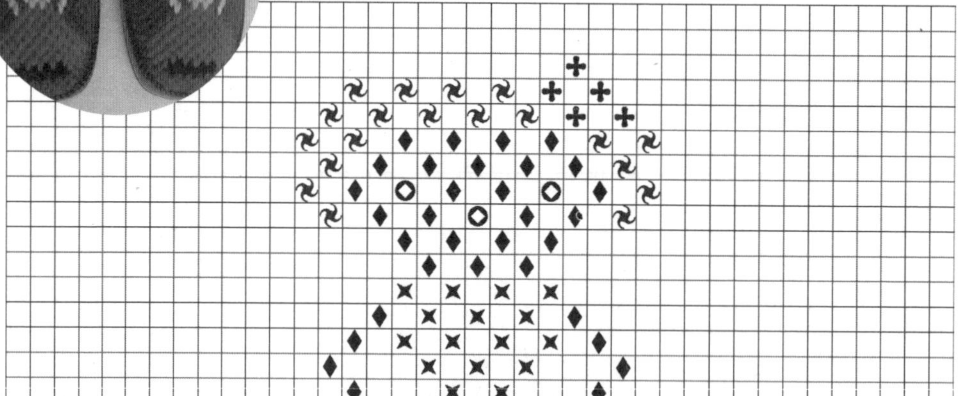

喜结连理

建议：7 针起花

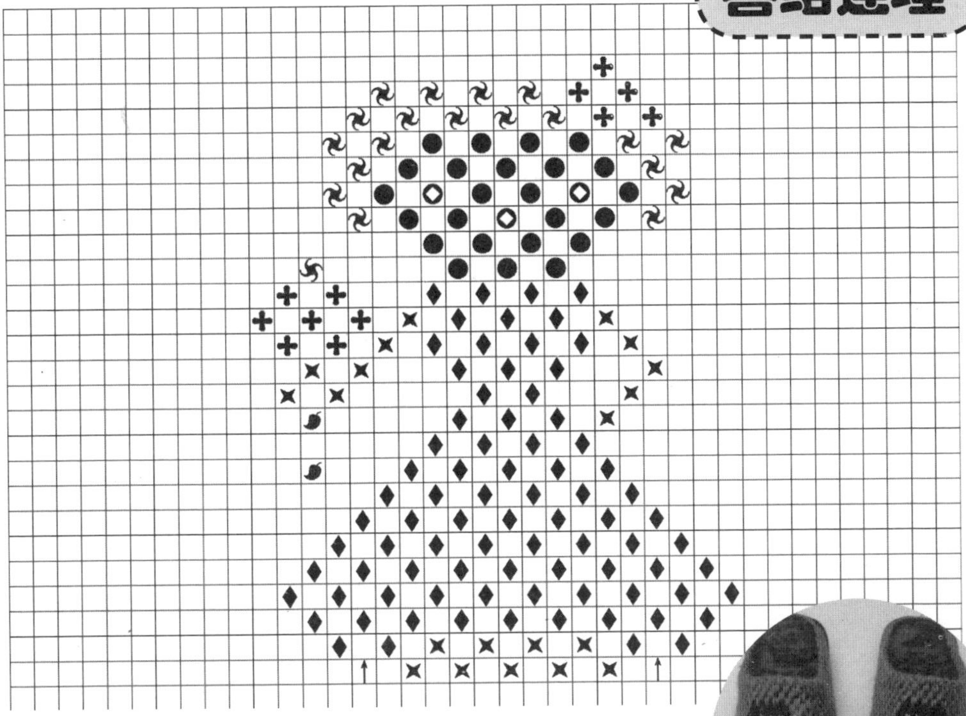

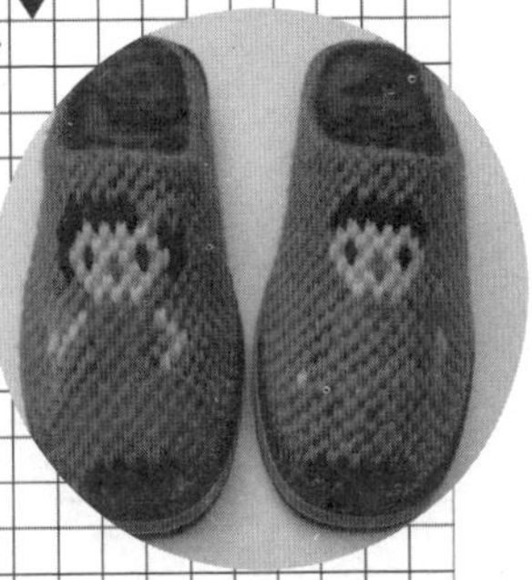

建议：8 针起花

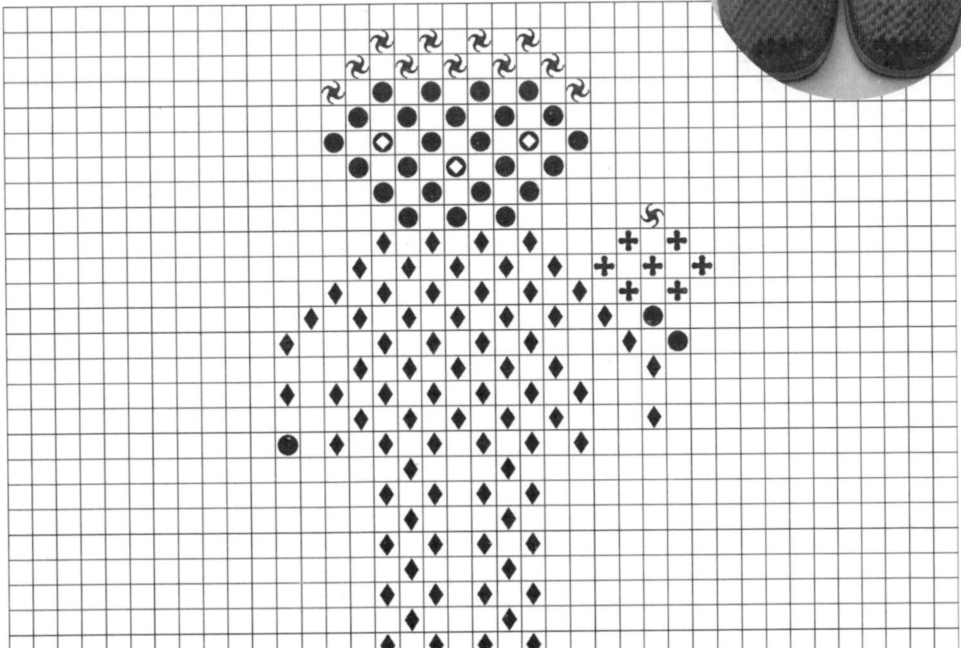

撑船娃

建议：9针起花

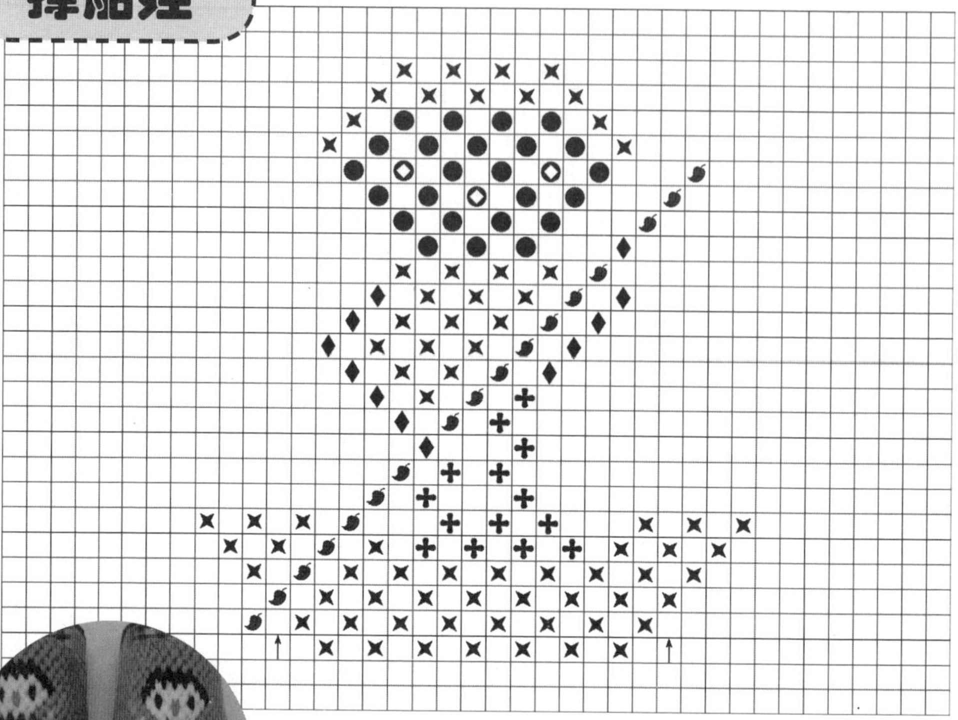

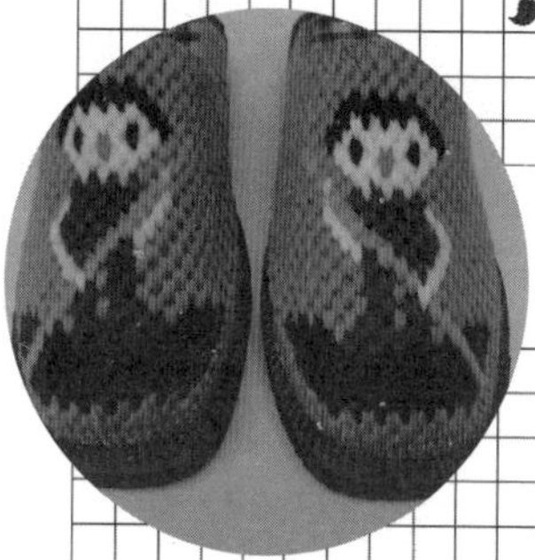

娃娃

建议：无

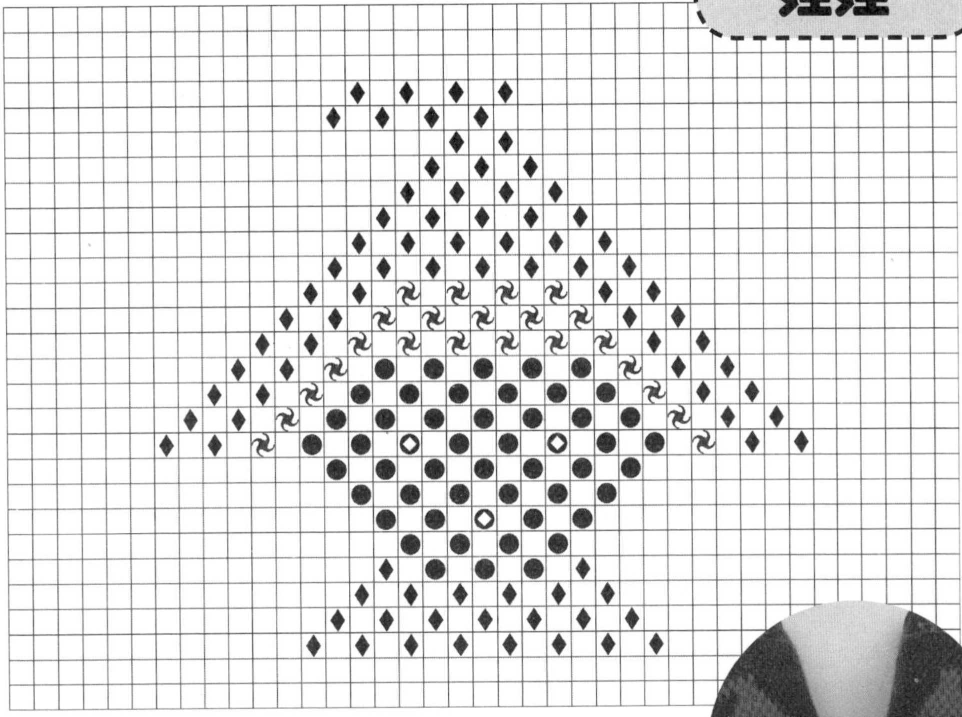

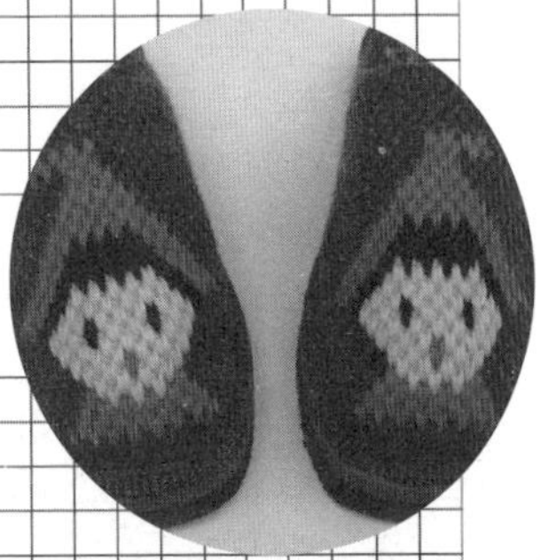

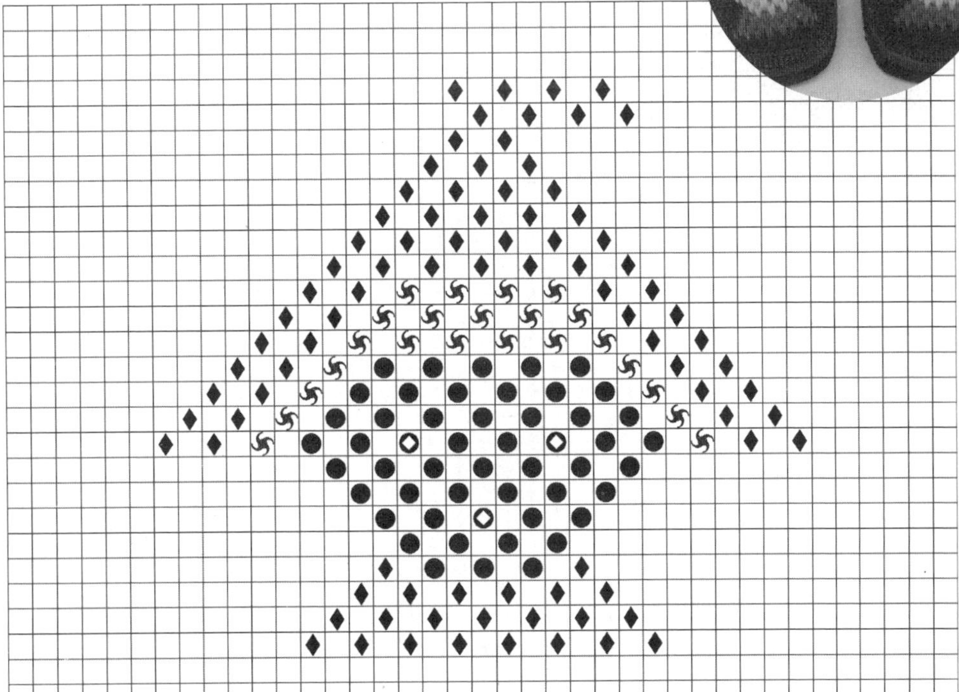

小弟弟

建议：8针起花

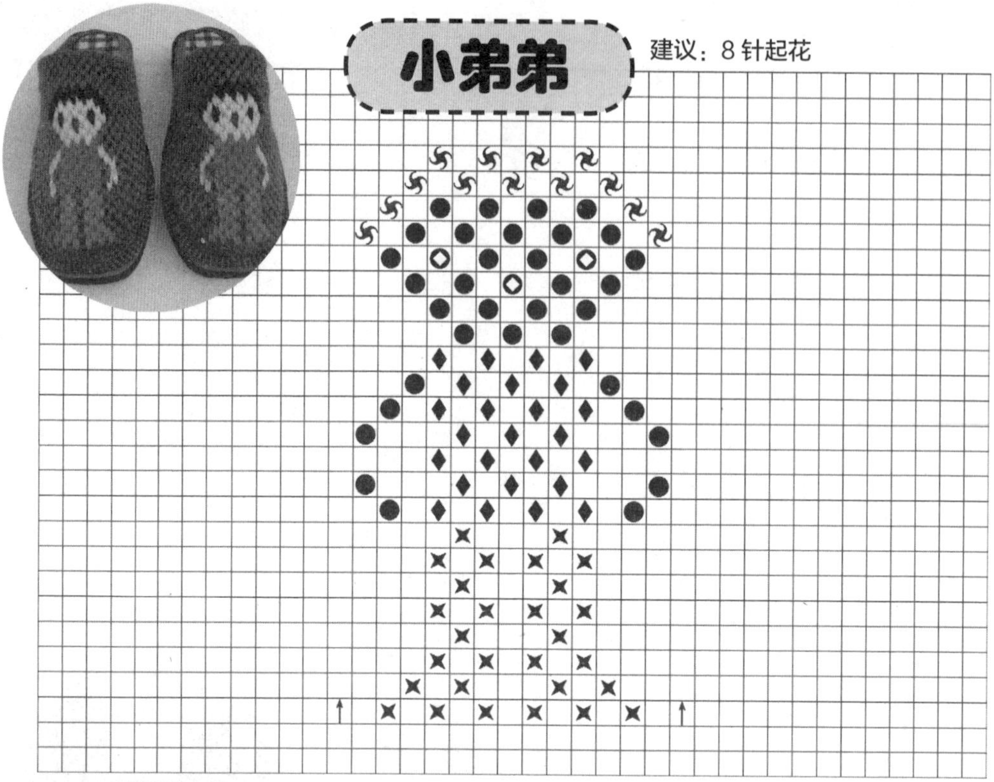

小萝卜头

建议：7针起花

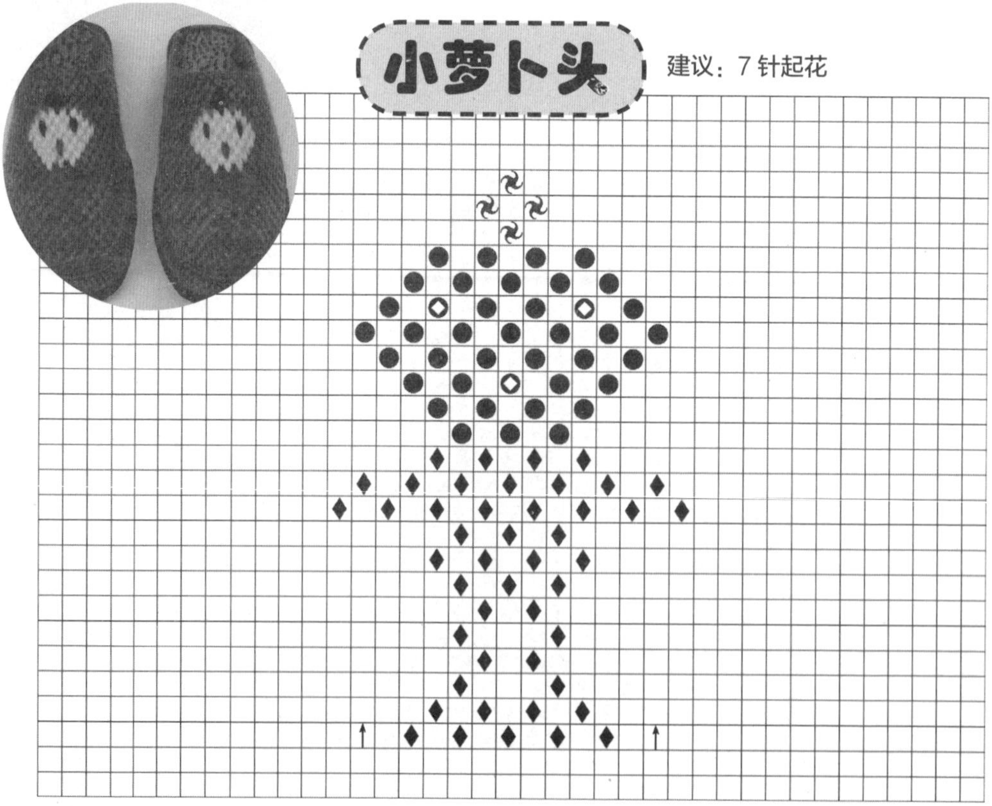

建议：无

彩椒

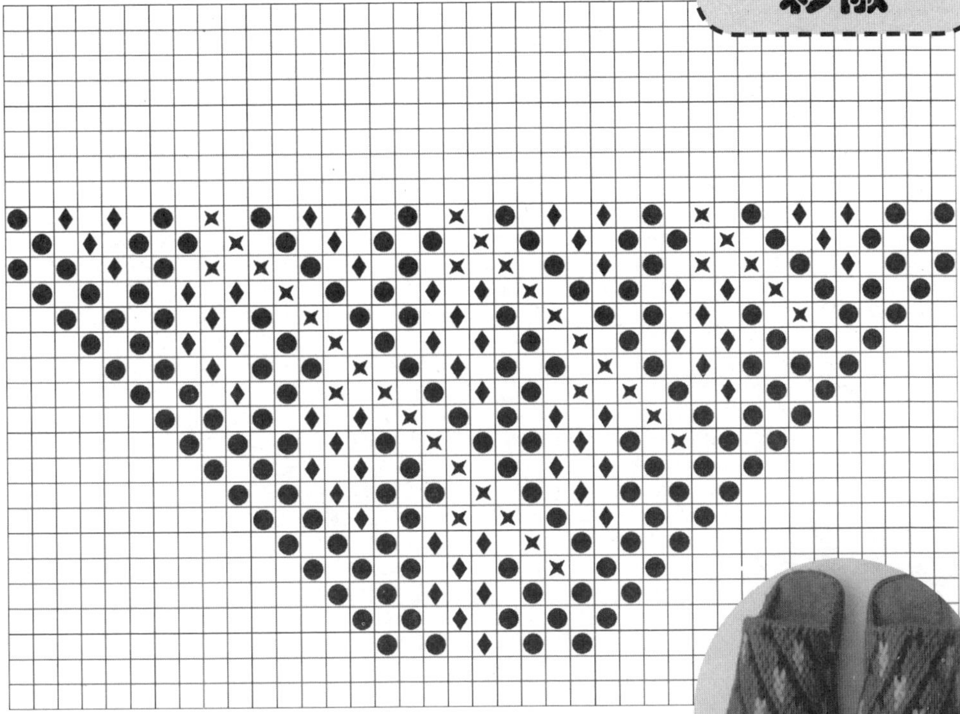

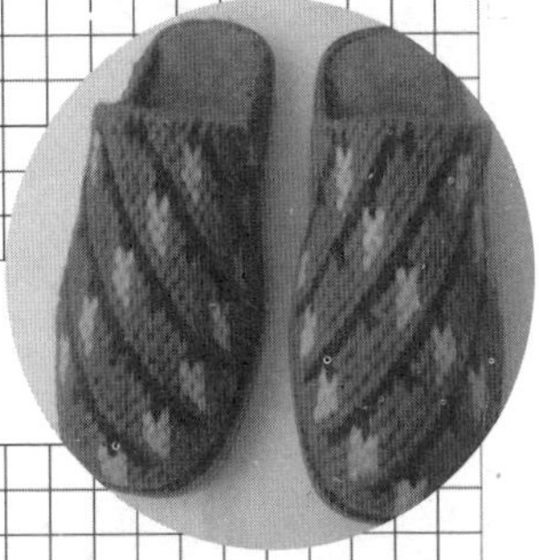

满地红叶

建议：无

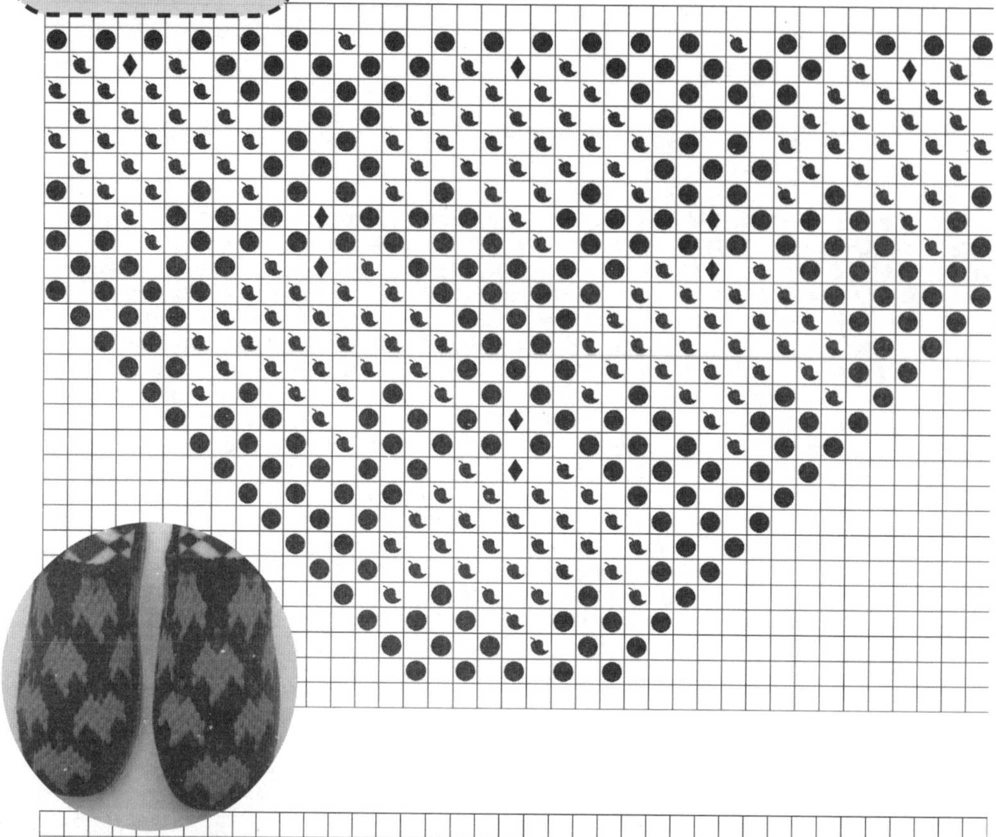

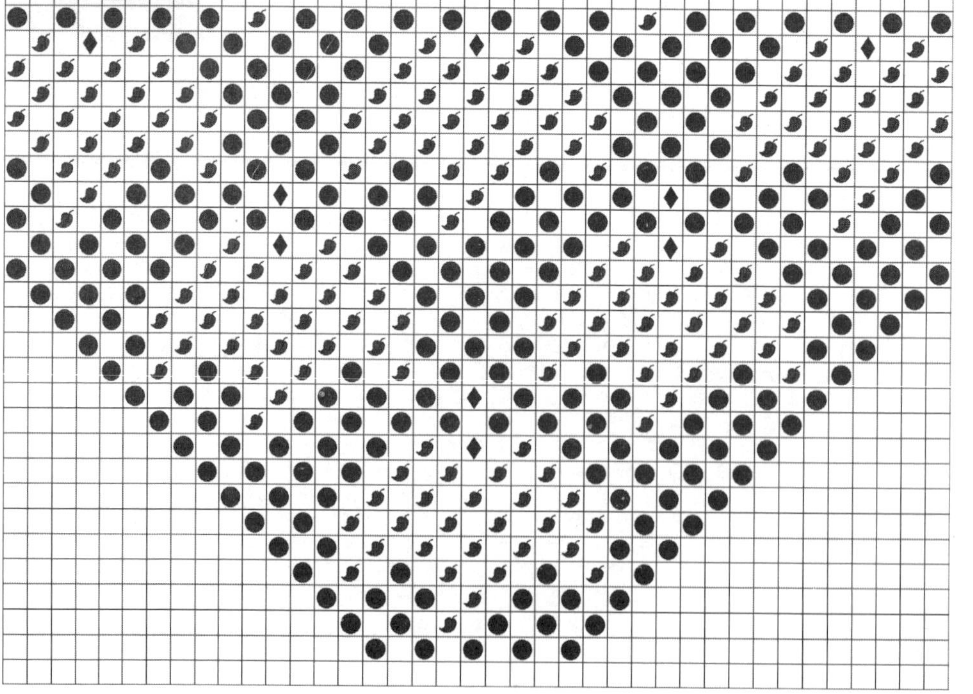

金心果

建议：8针起花

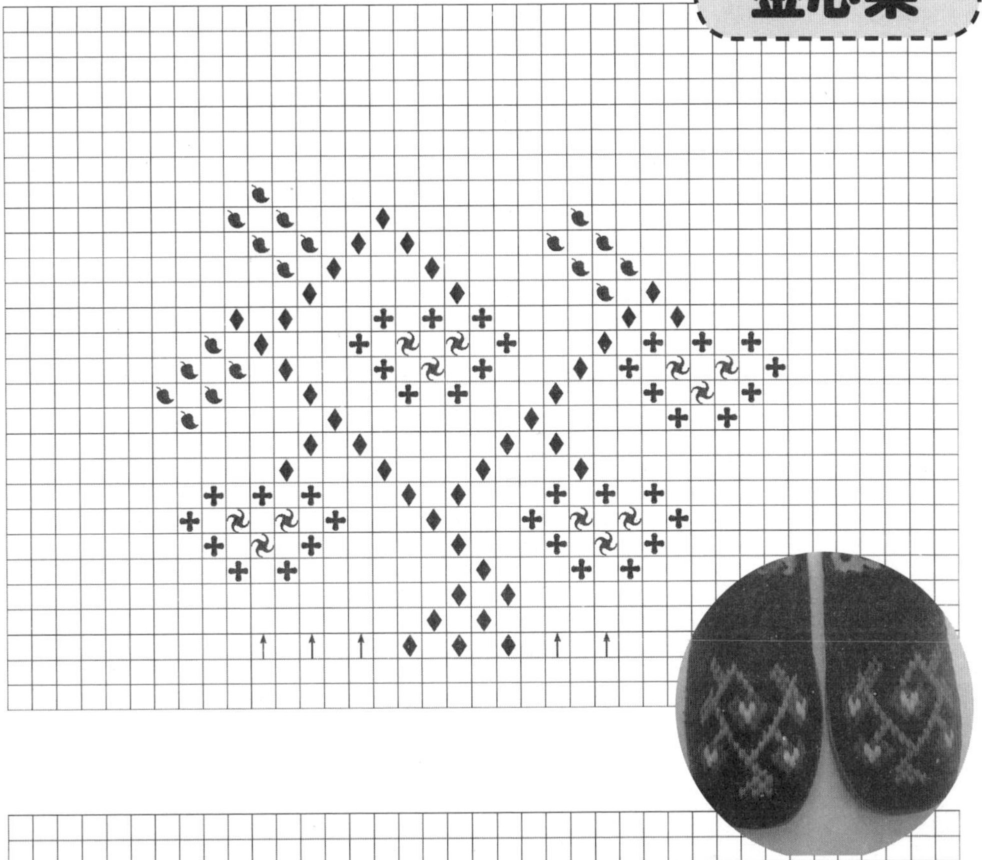

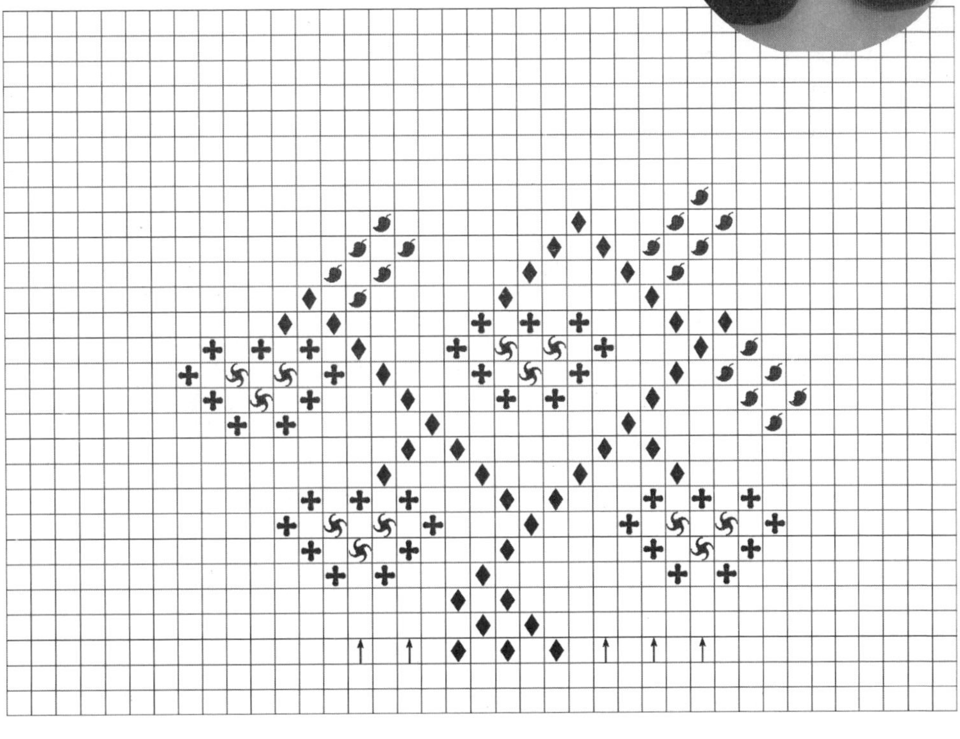

丰收

建议：无

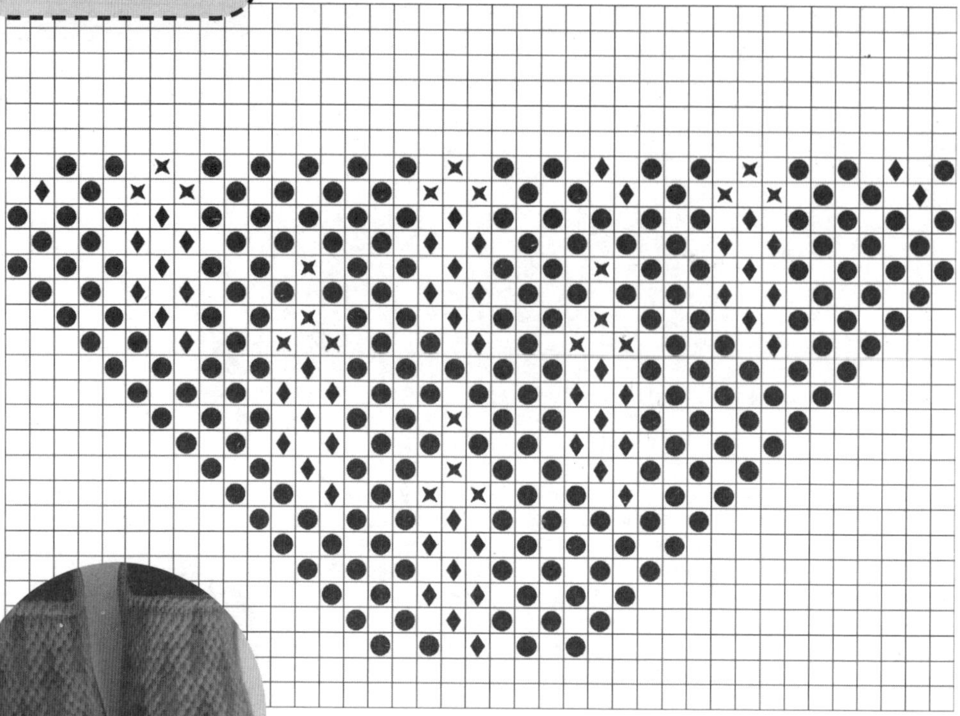

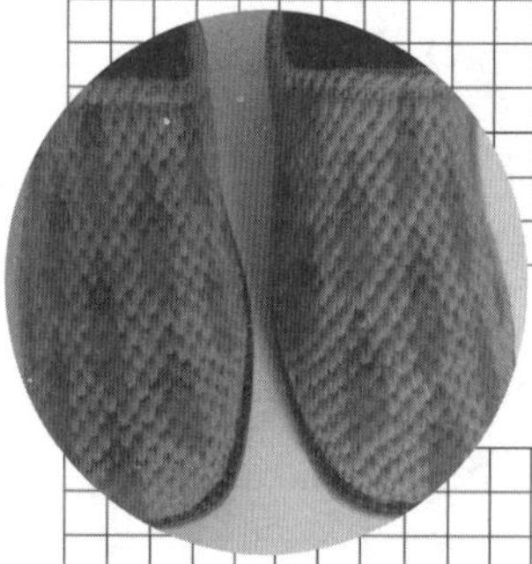

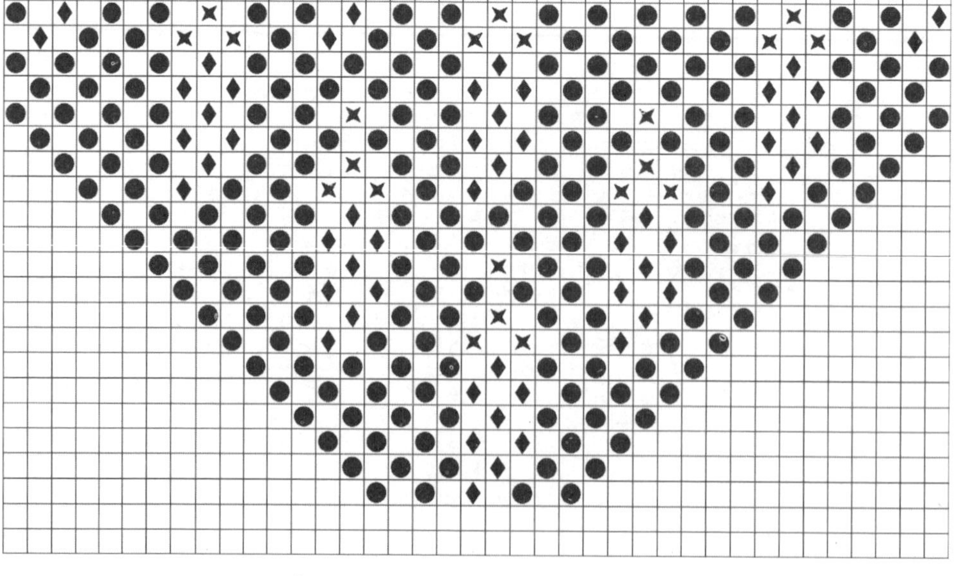

牡丹花开

建议：无

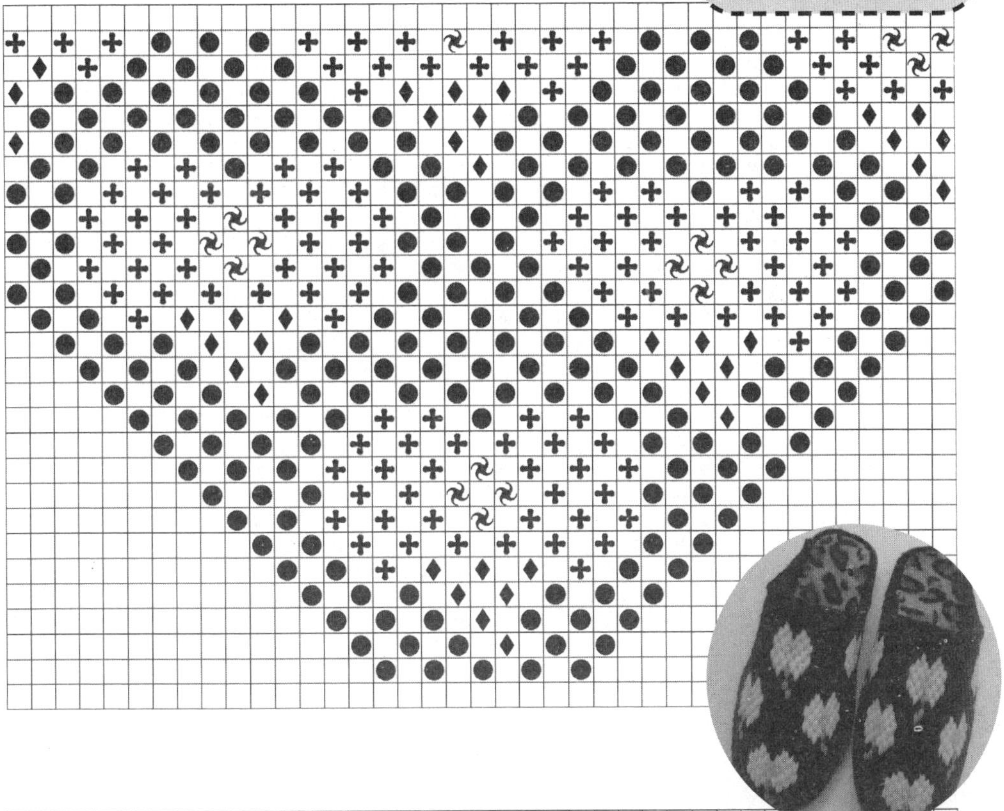

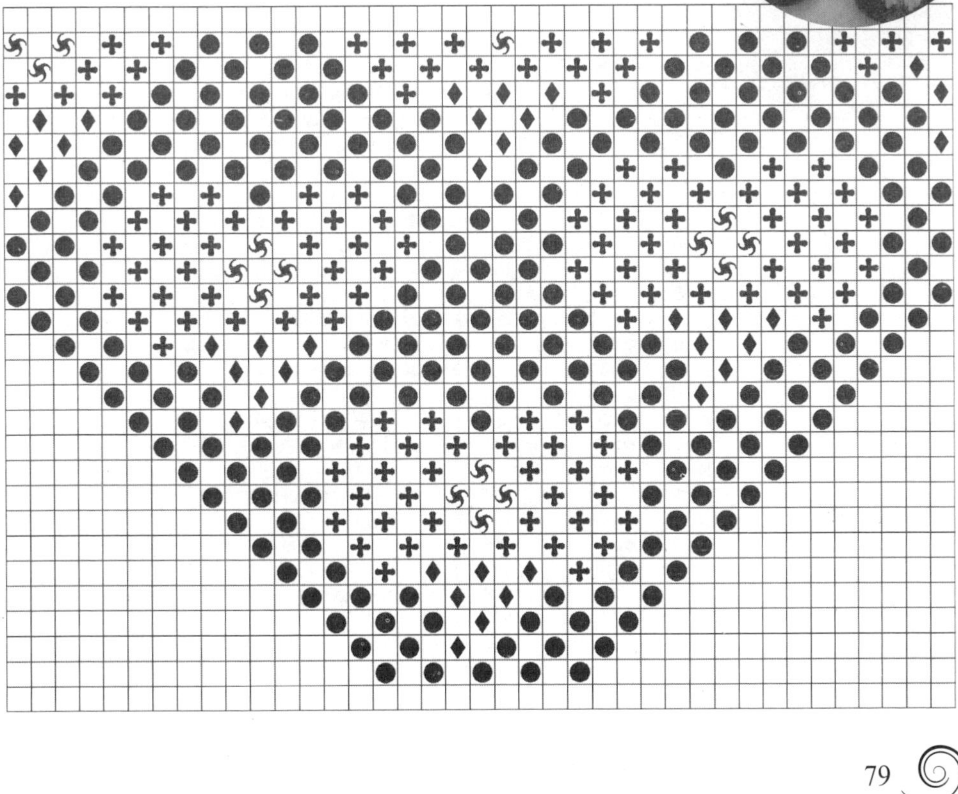

垂柳

建议：8针起花

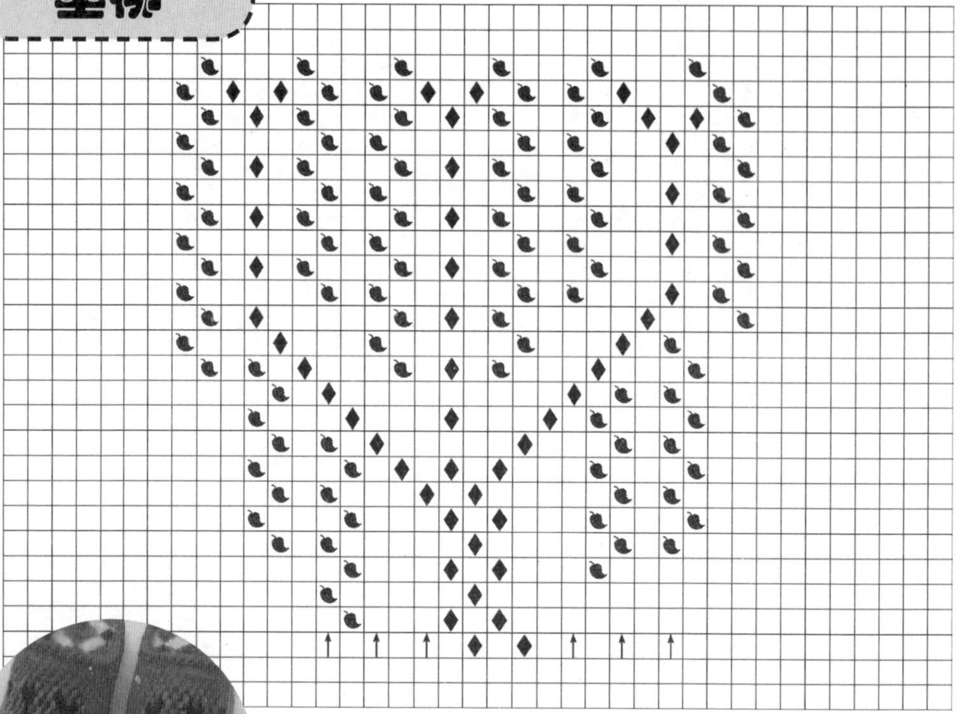

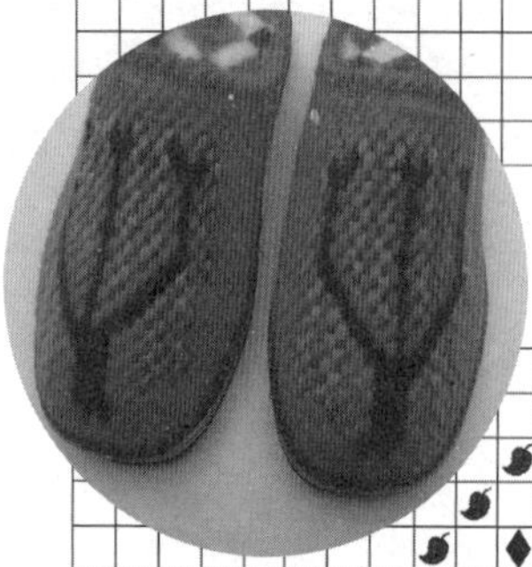

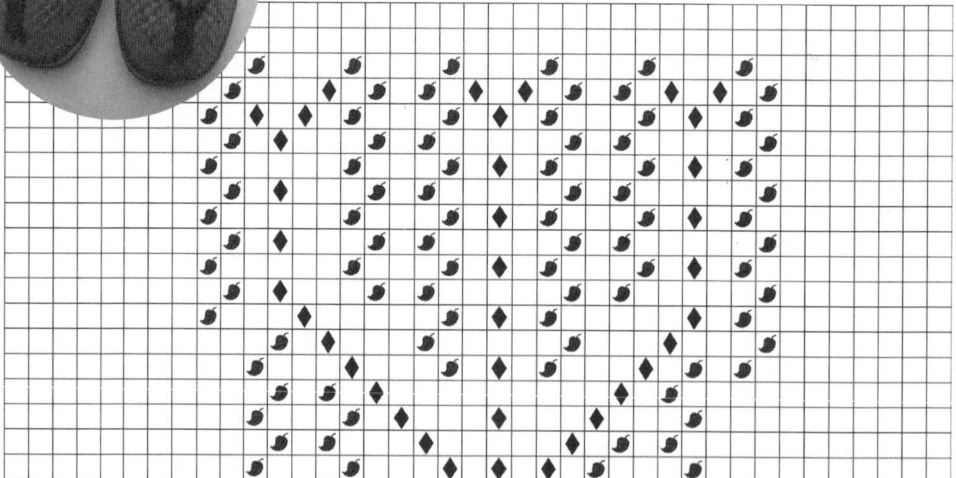

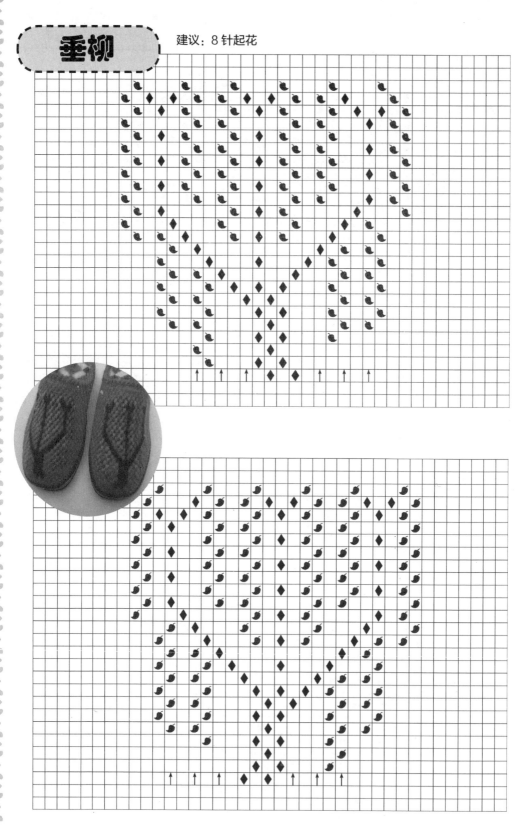

建议：9针起花

果实累累

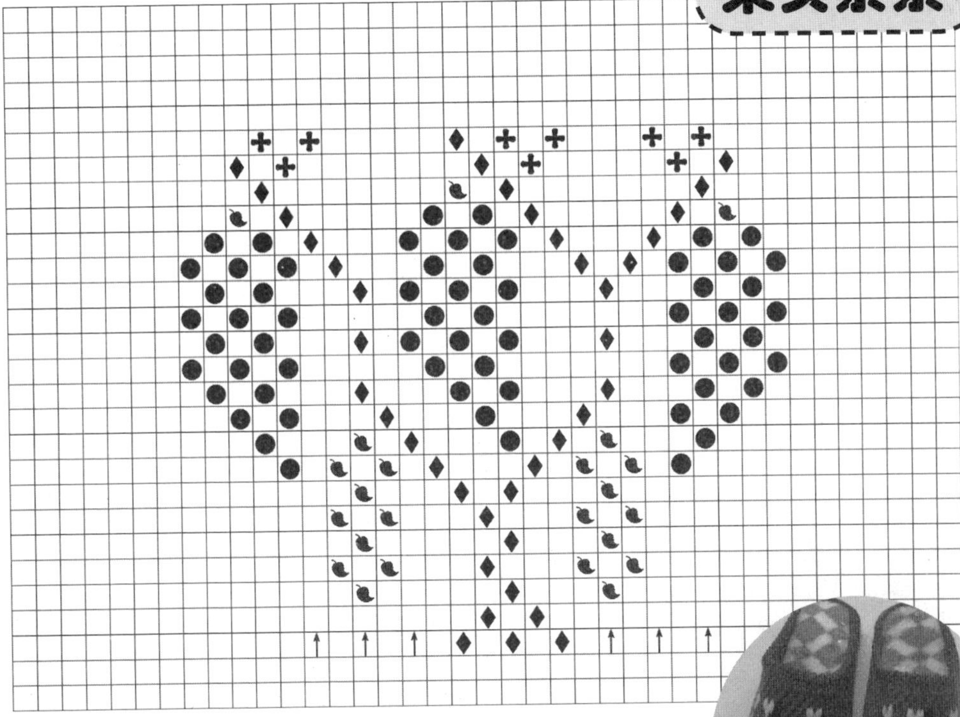

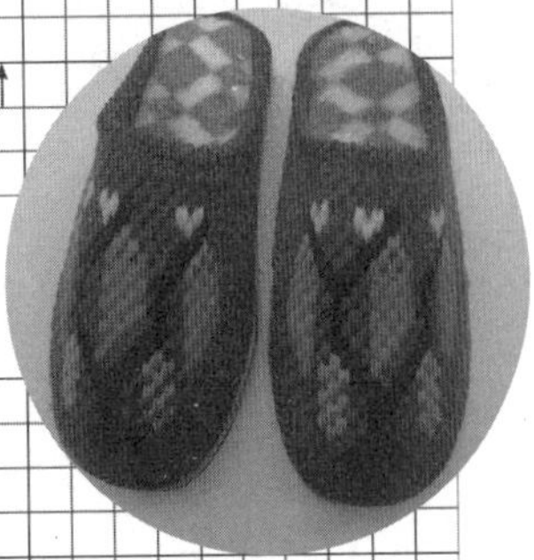

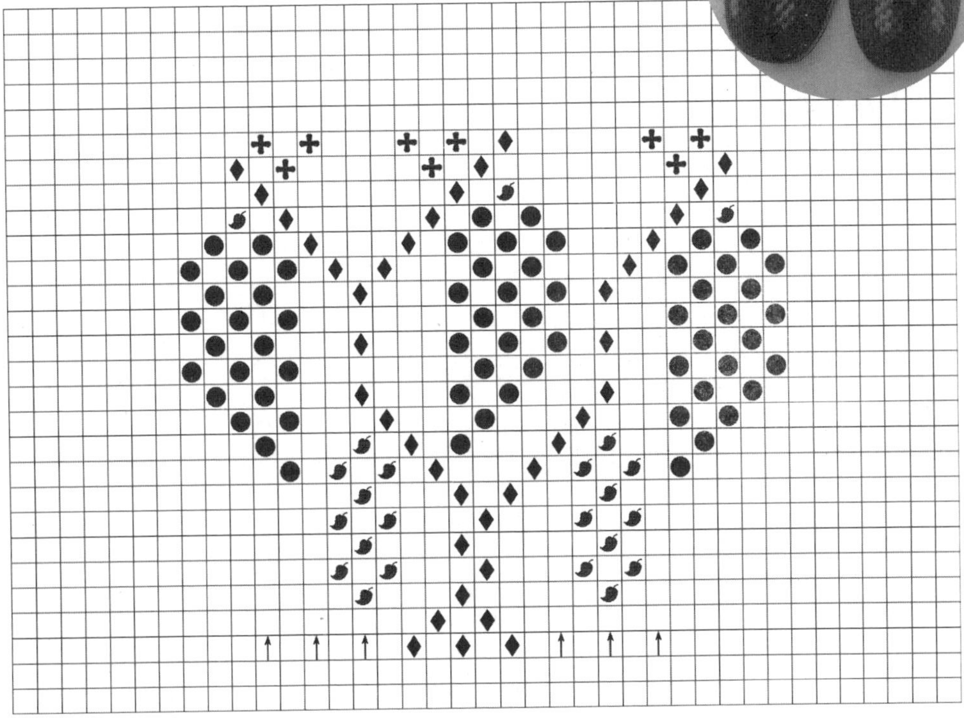

小米椒

建议：无

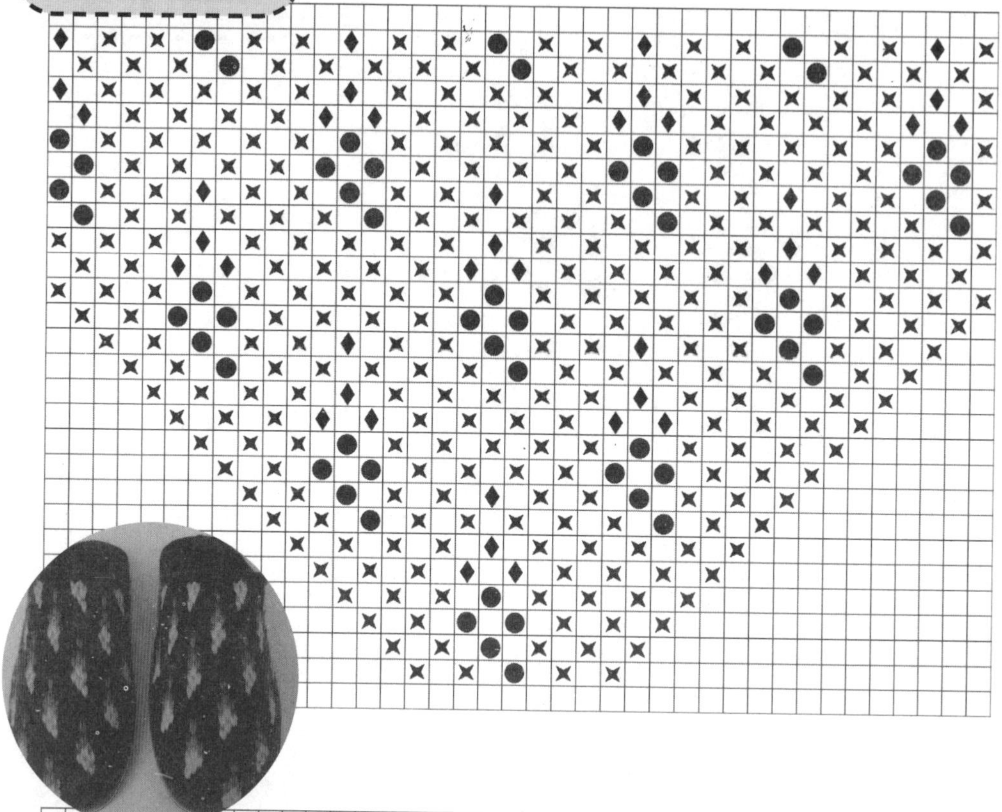

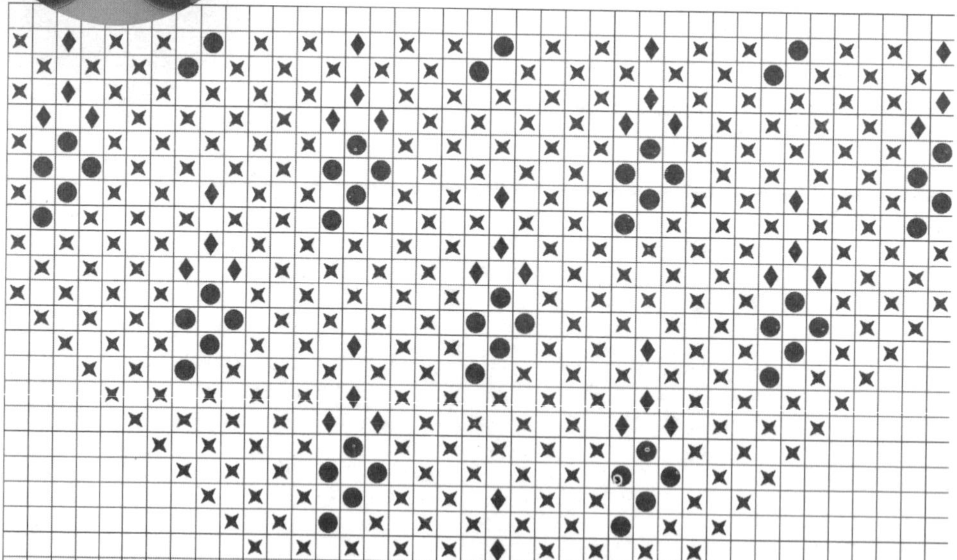

枫叶

建议：8 针起花

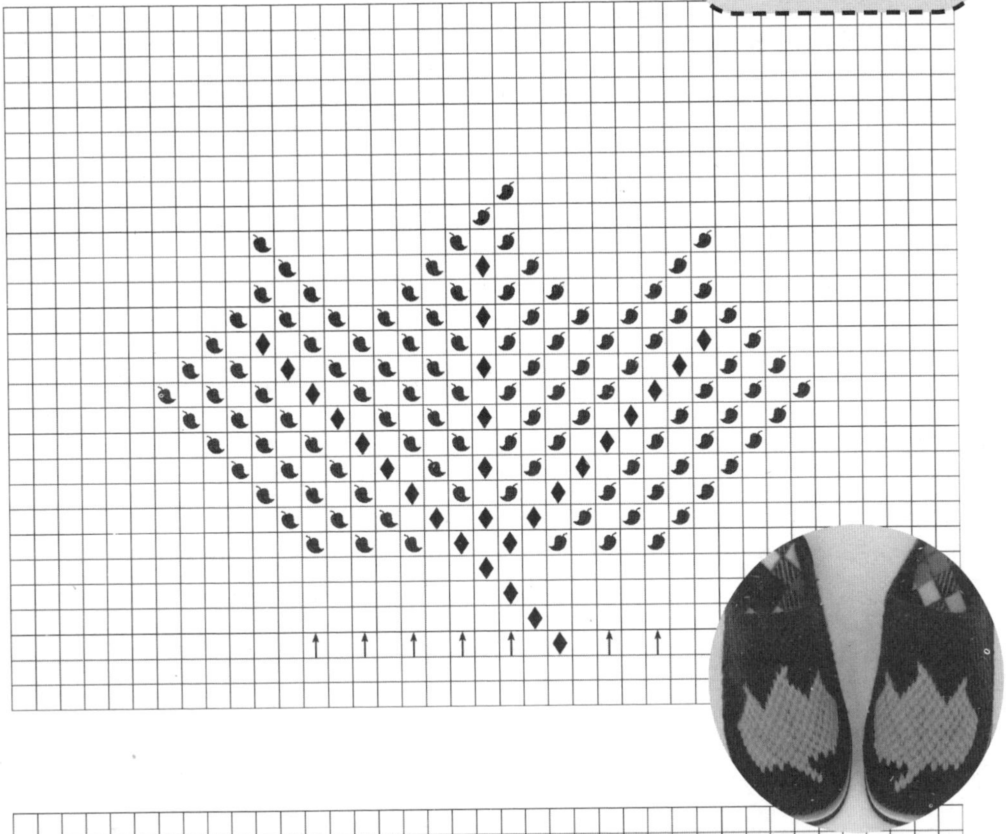

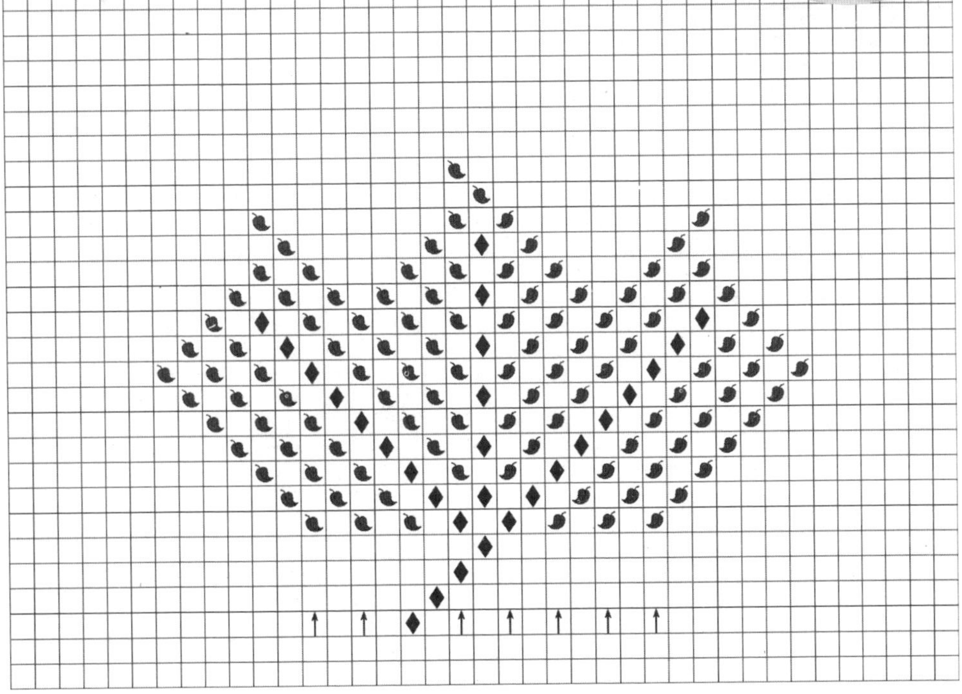

收获

建议：无

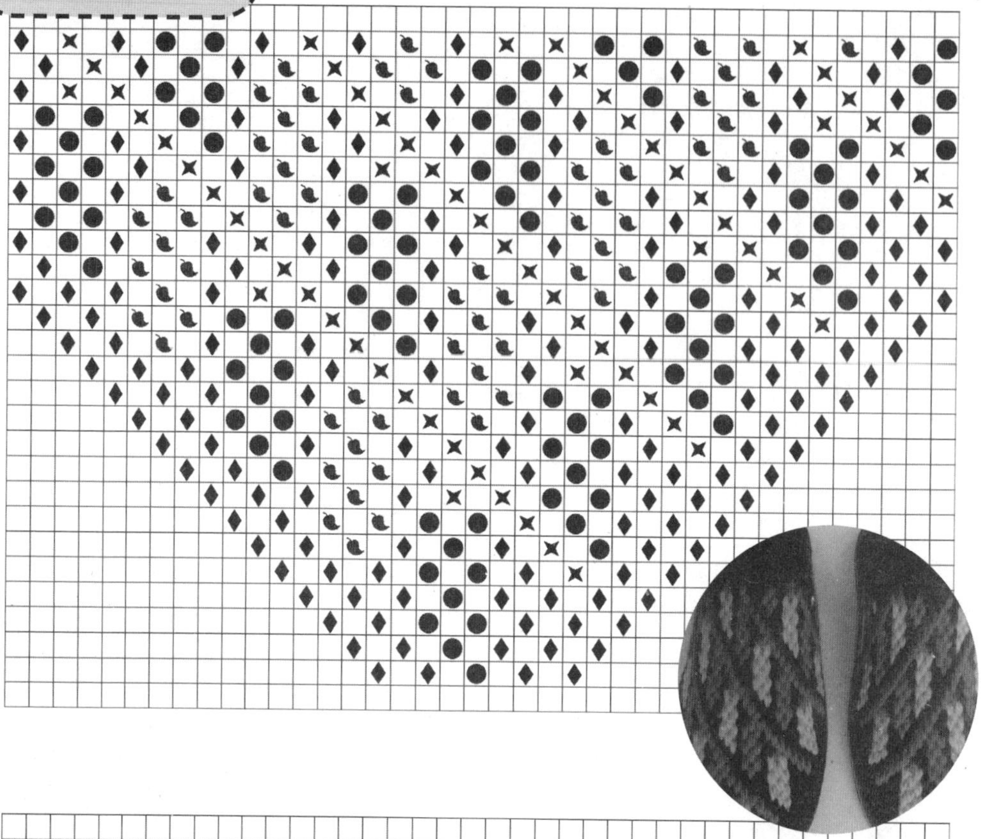

连绵

建议：无

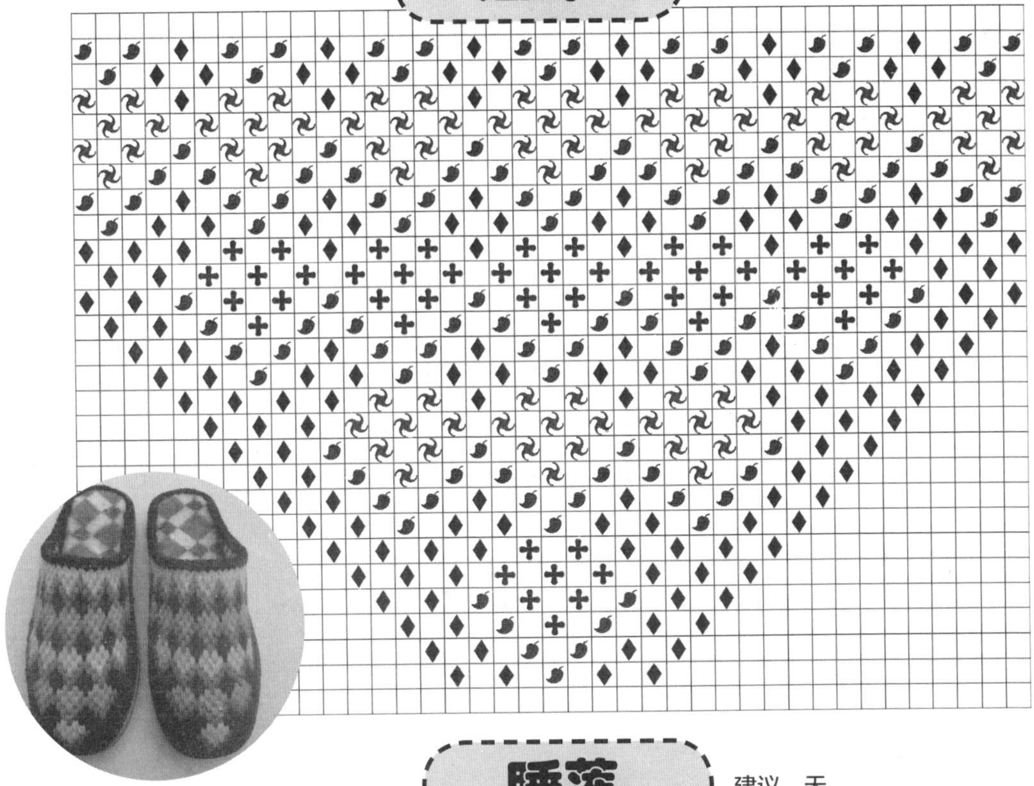

睡莲

建议：无

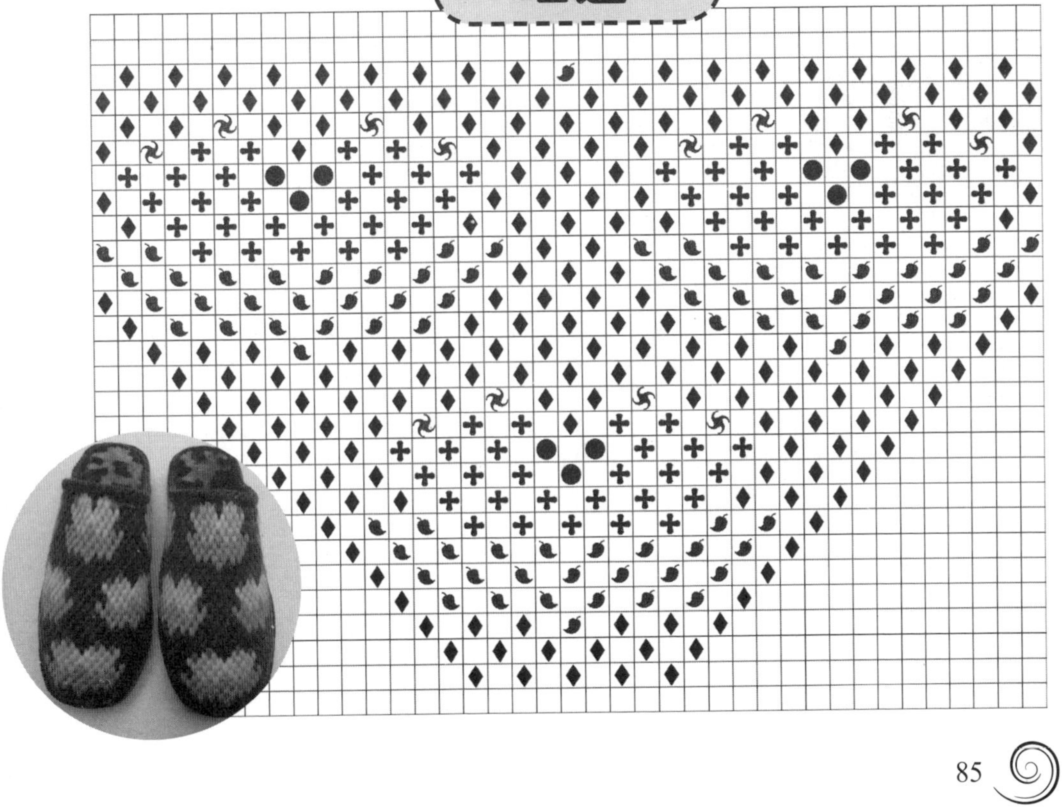

苹果

建议：无

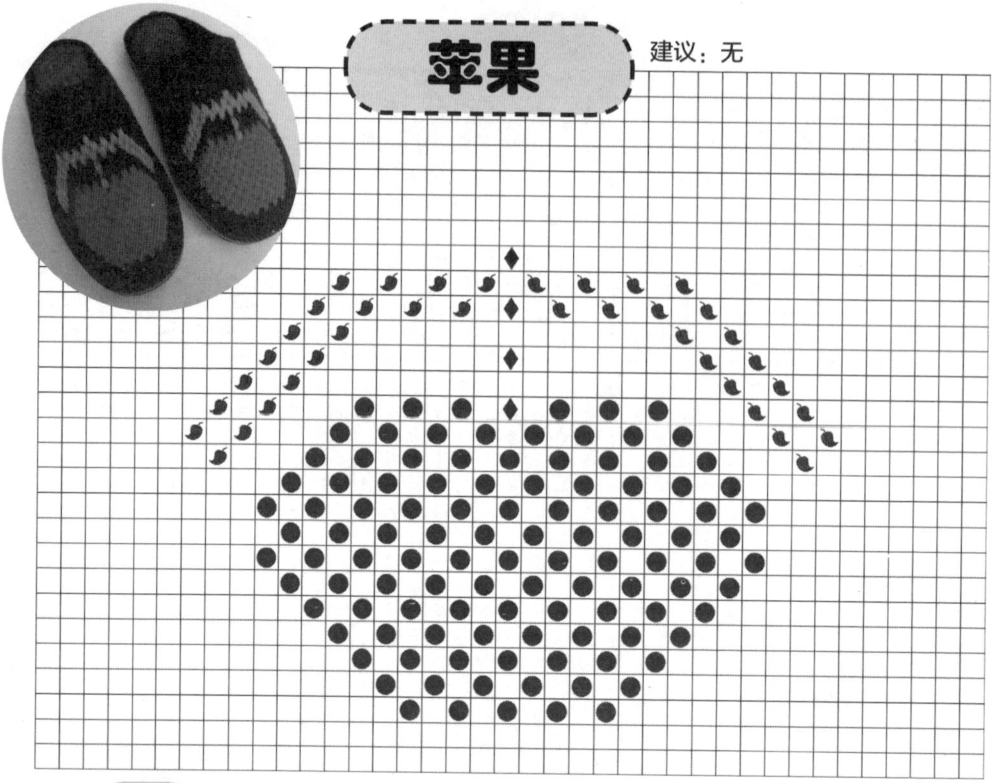

蘑菇

建议：10 针起花

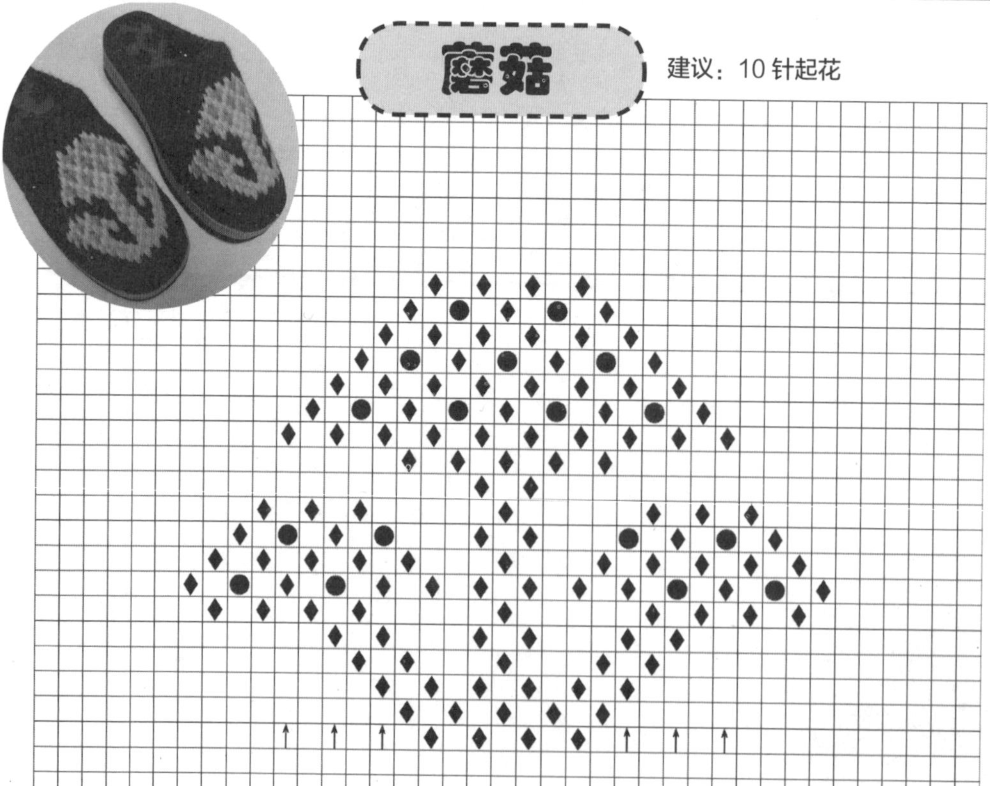

宝葫芦

建议：10 针起花

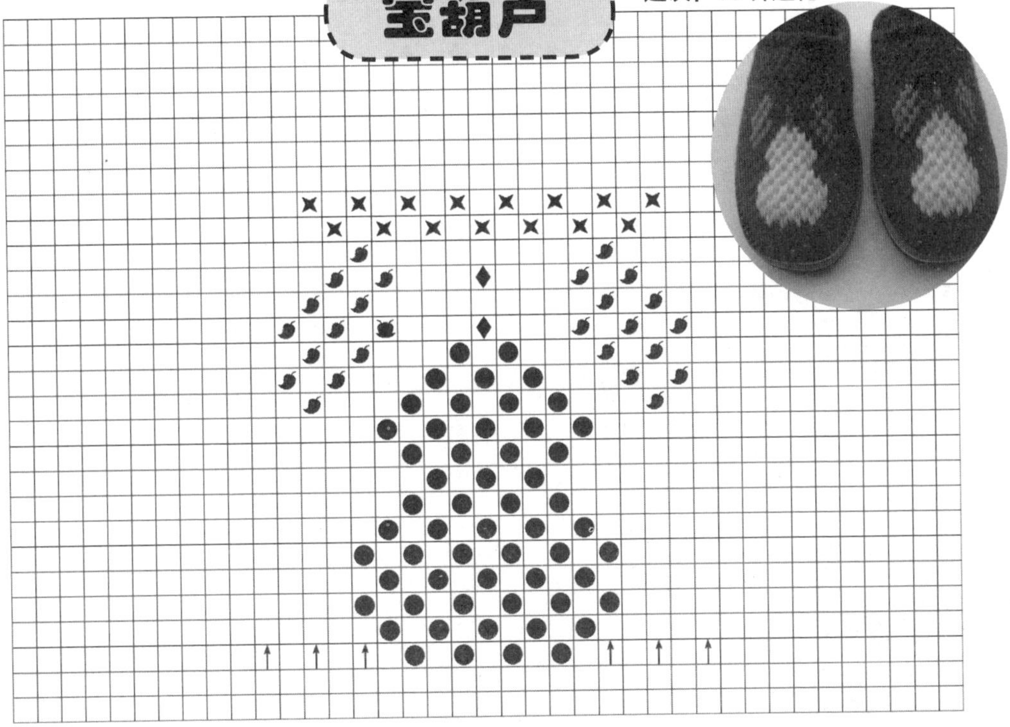

郁金香

建议：9 针起花

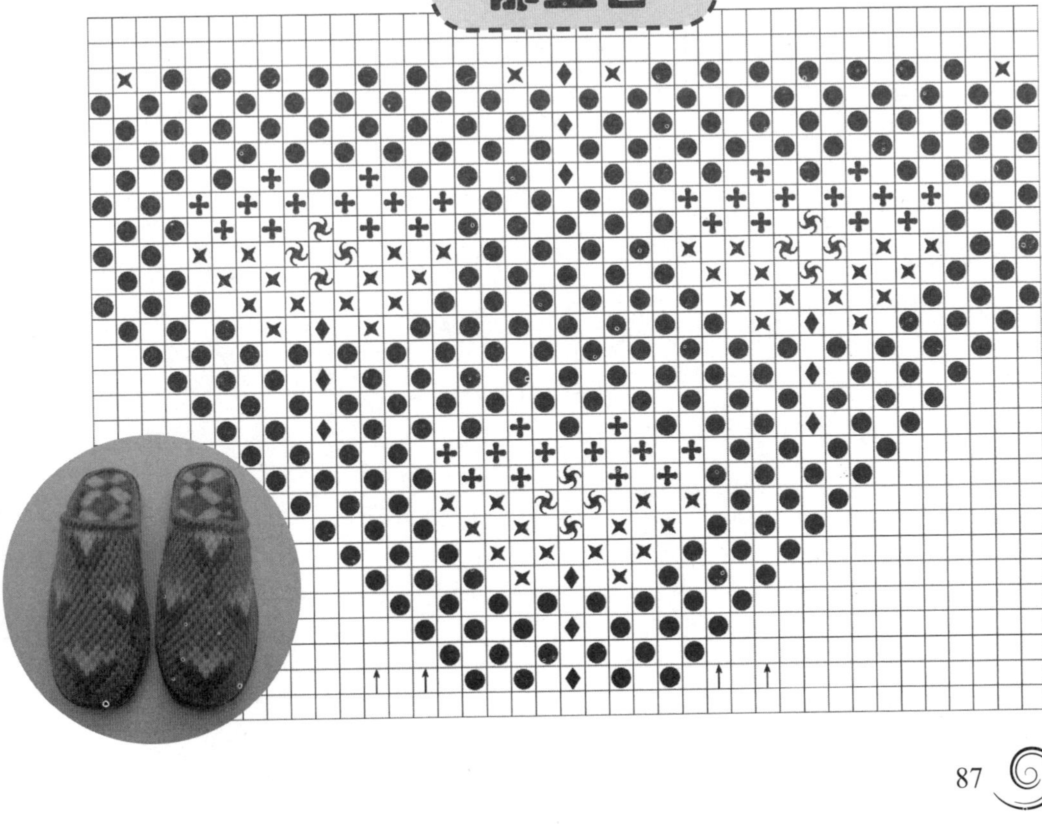

心心相印

建议：无

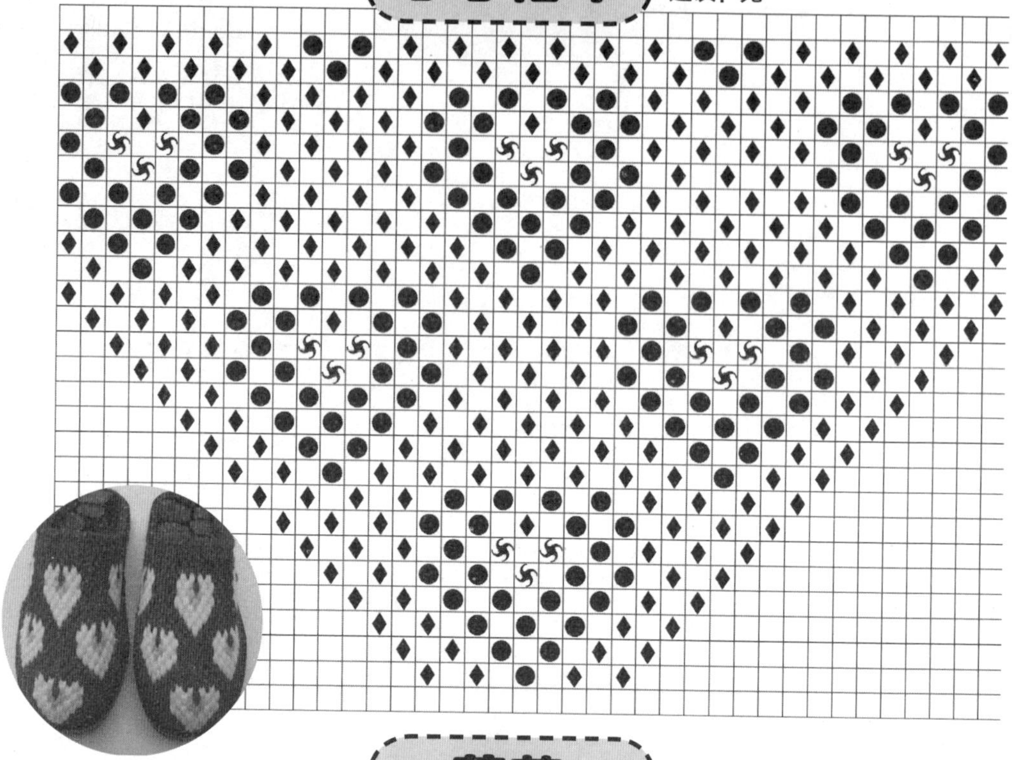

萌芽

建议：无

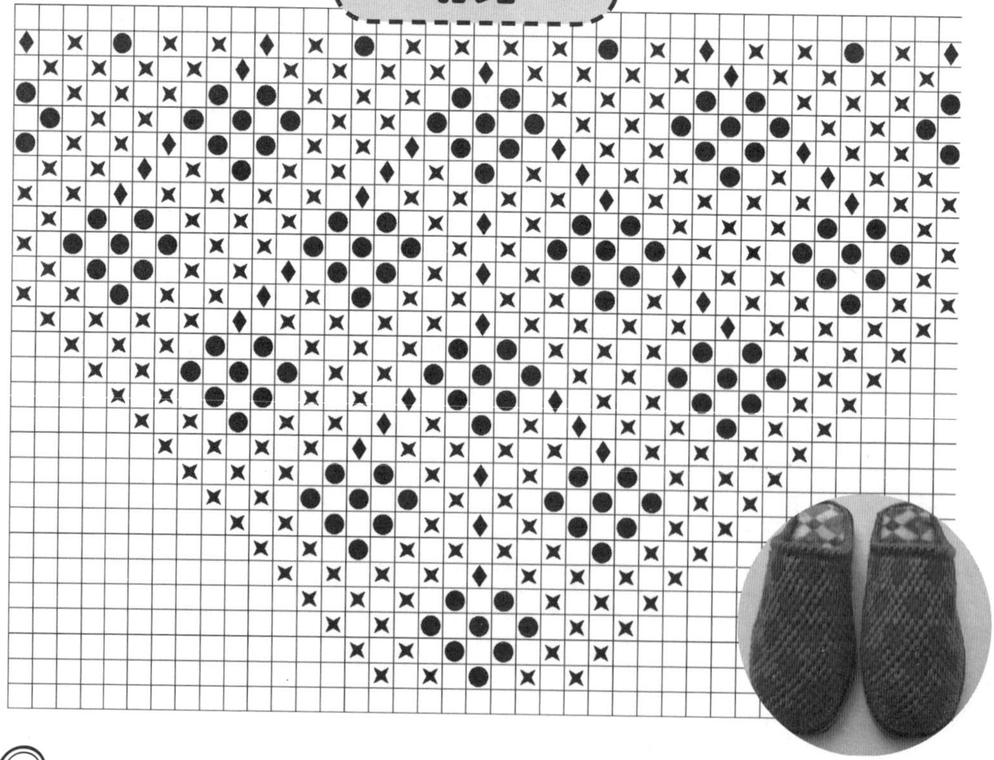

满花

建议：无

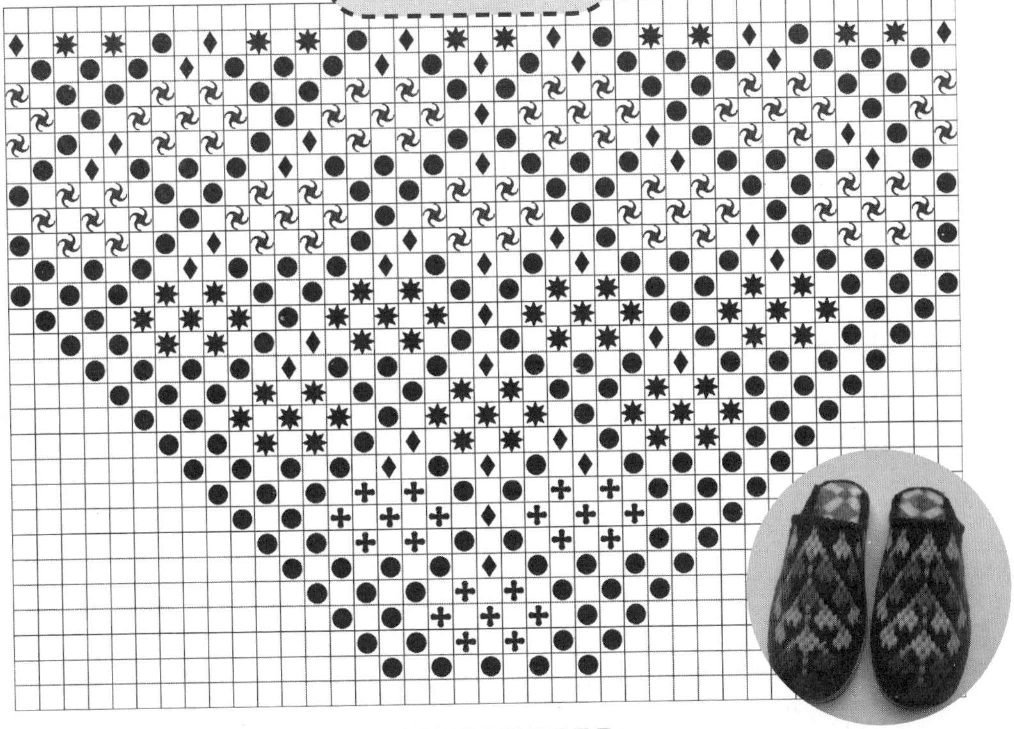

大岩桐

建议：无

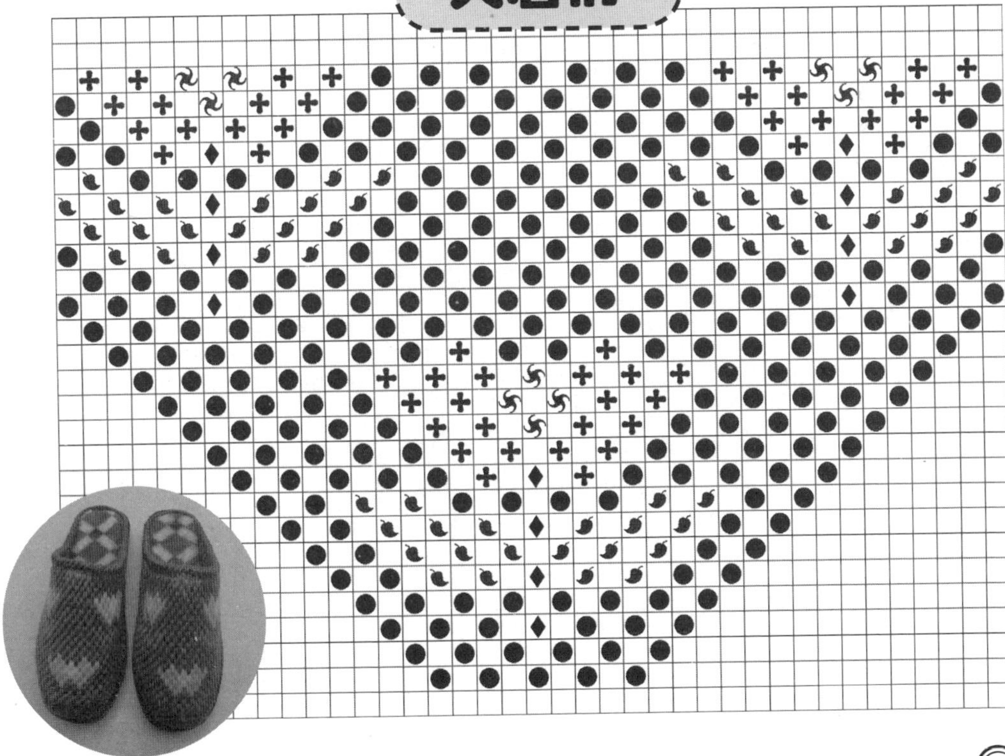

花海

建议：无

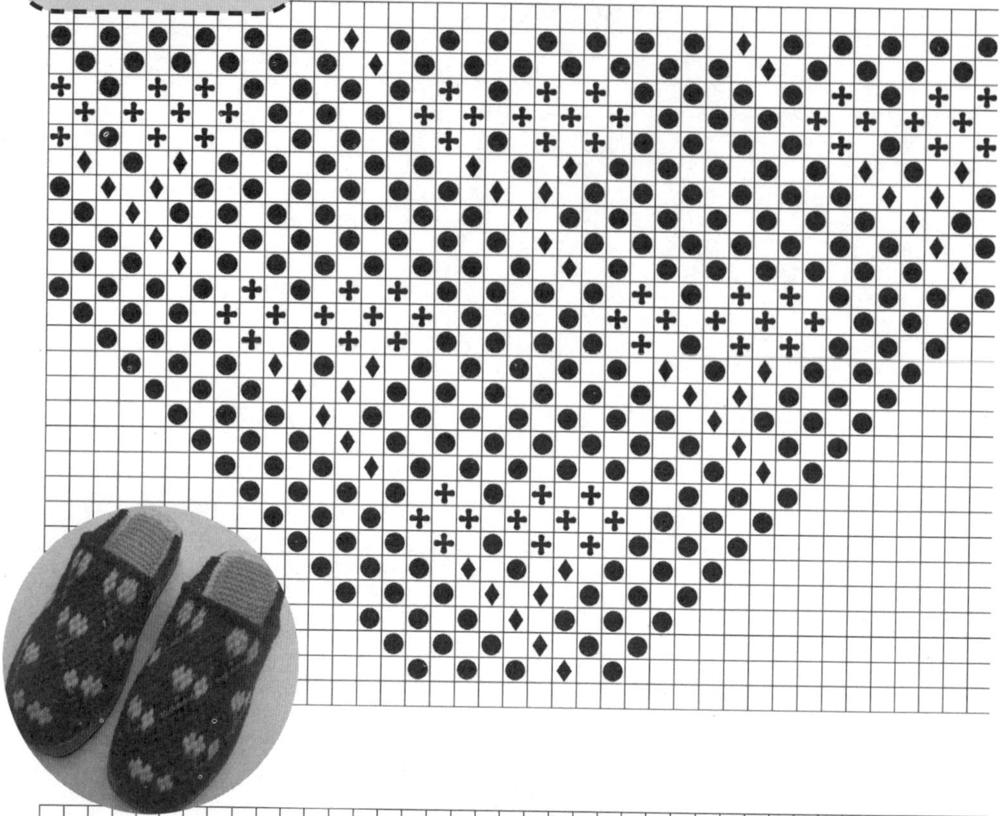

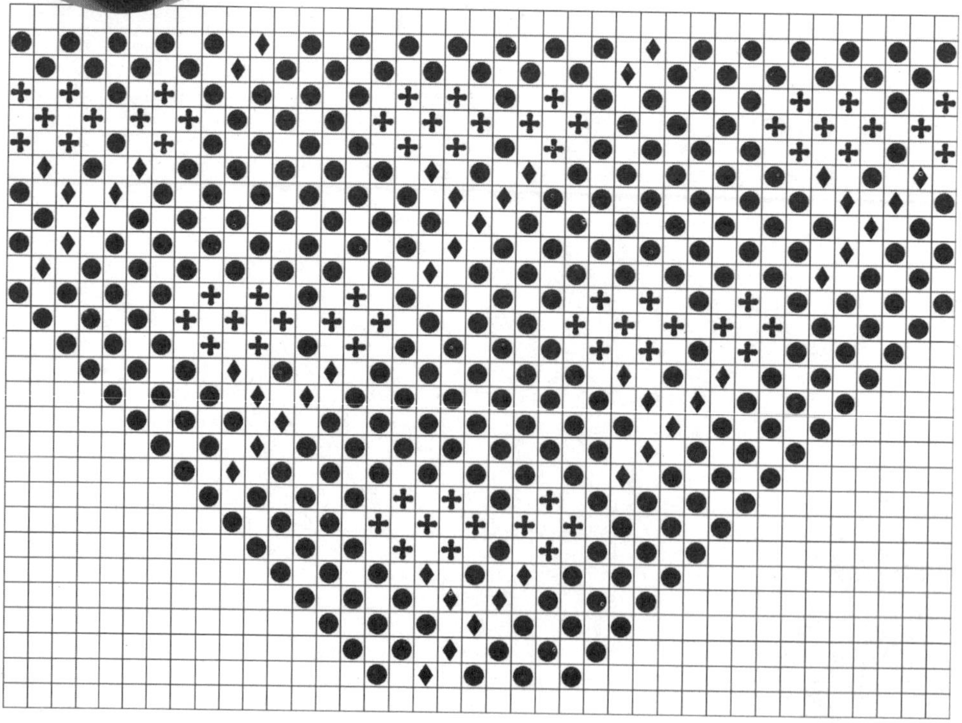

蒲公英

建议：无

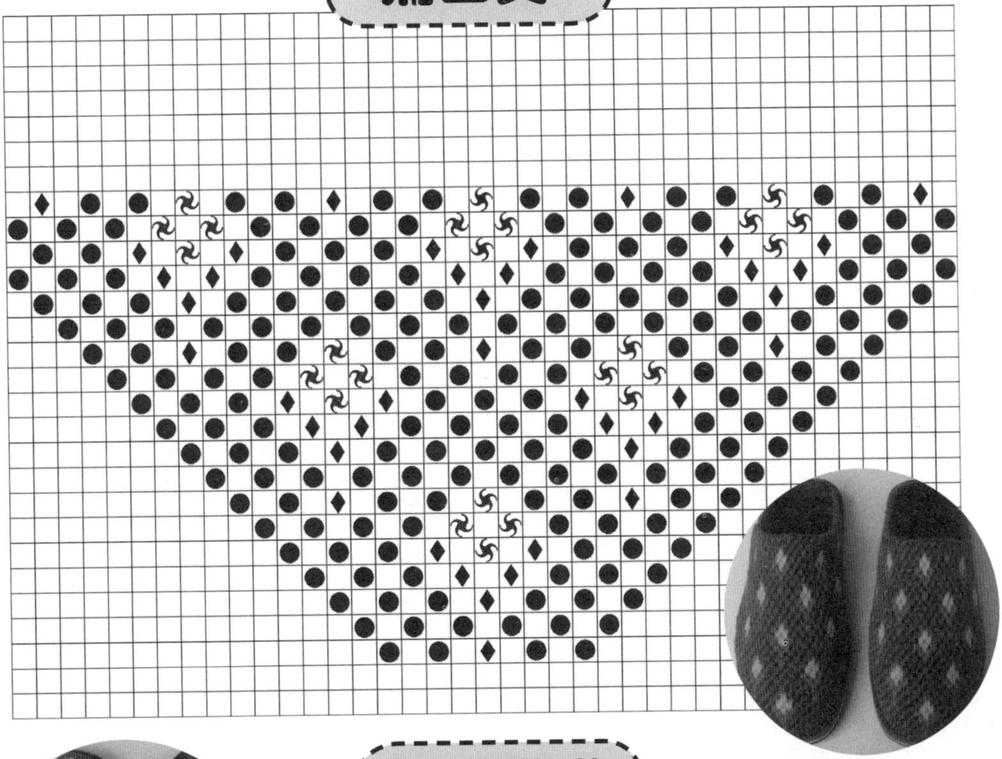

福气满满

建议：9 针起花

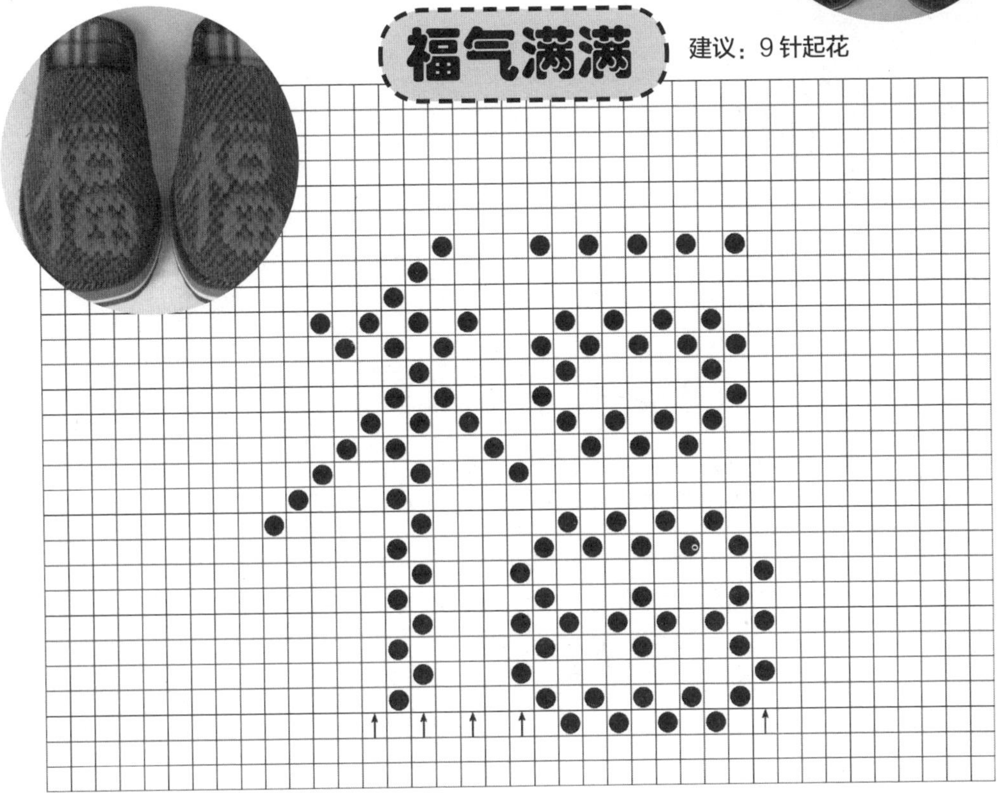

雨伞

建议：6 针起花

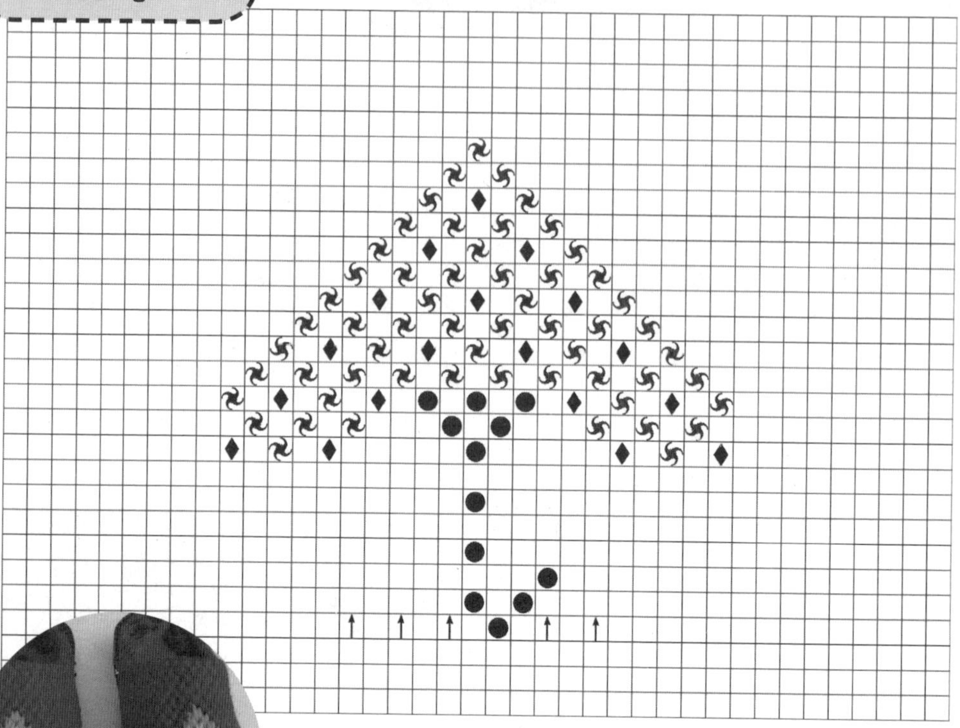

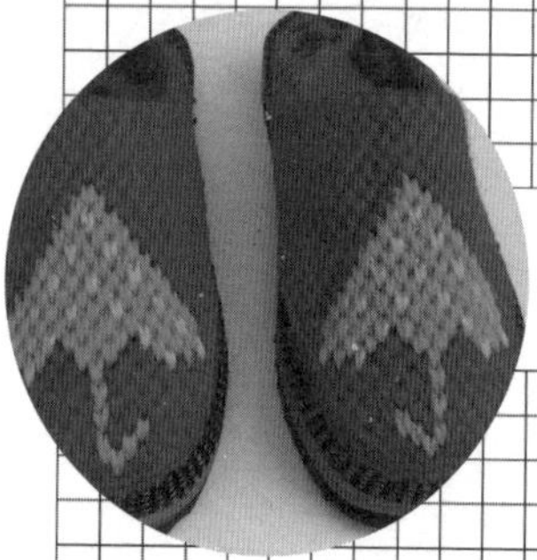

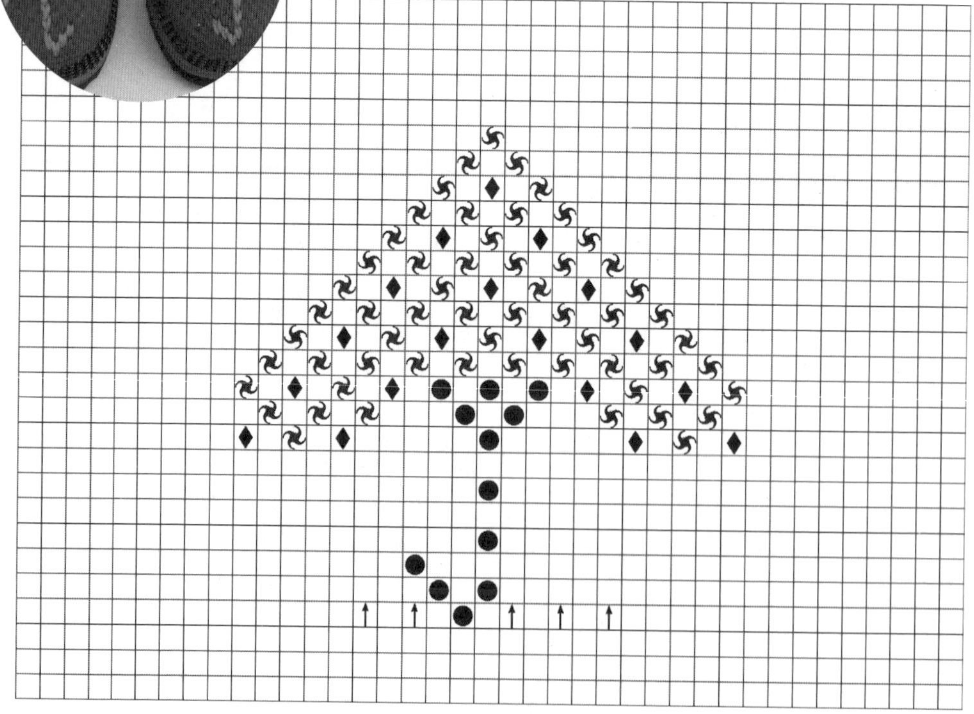

小货车

建议：11 针起花

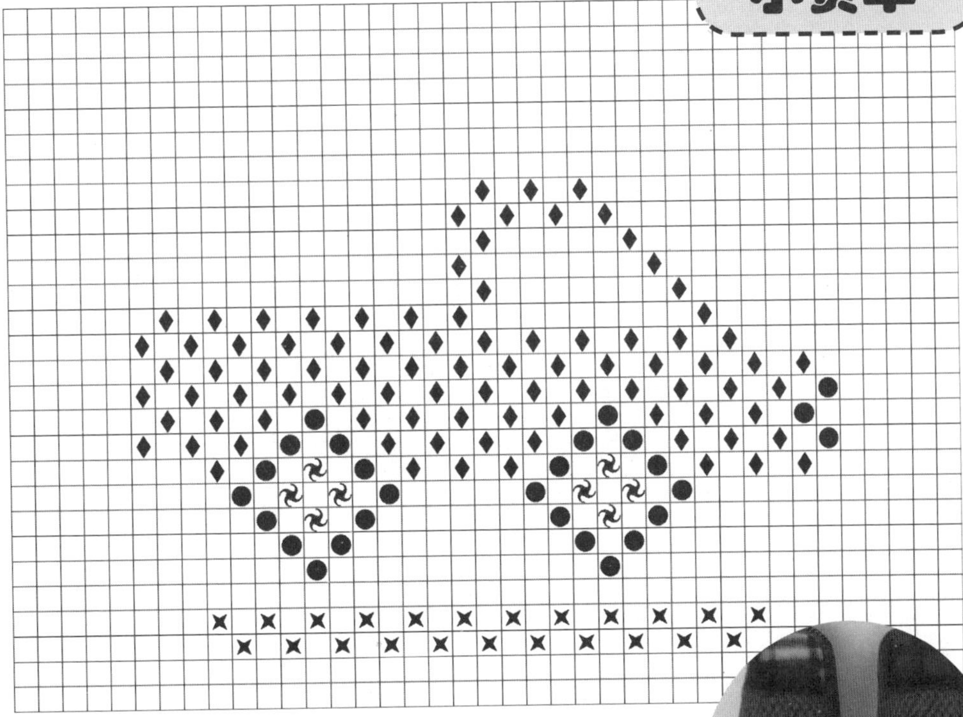

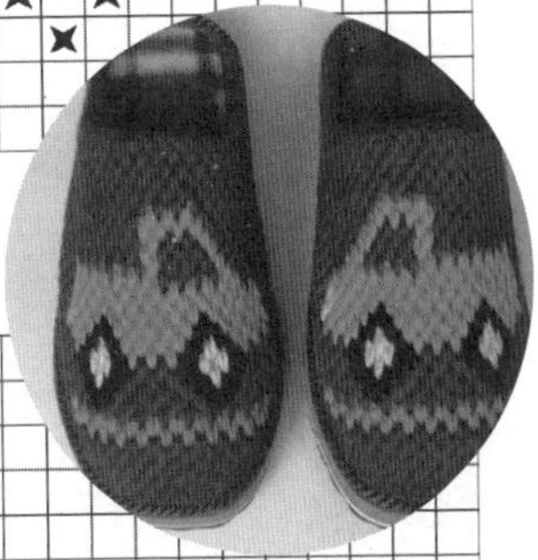

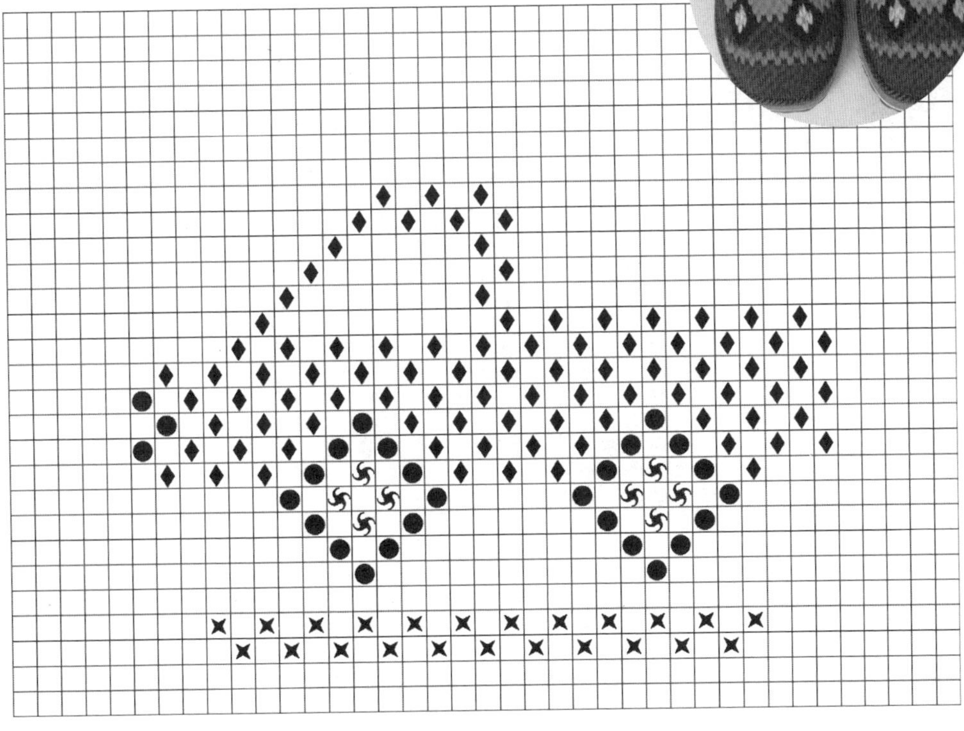

飞机

建议：10 针起花

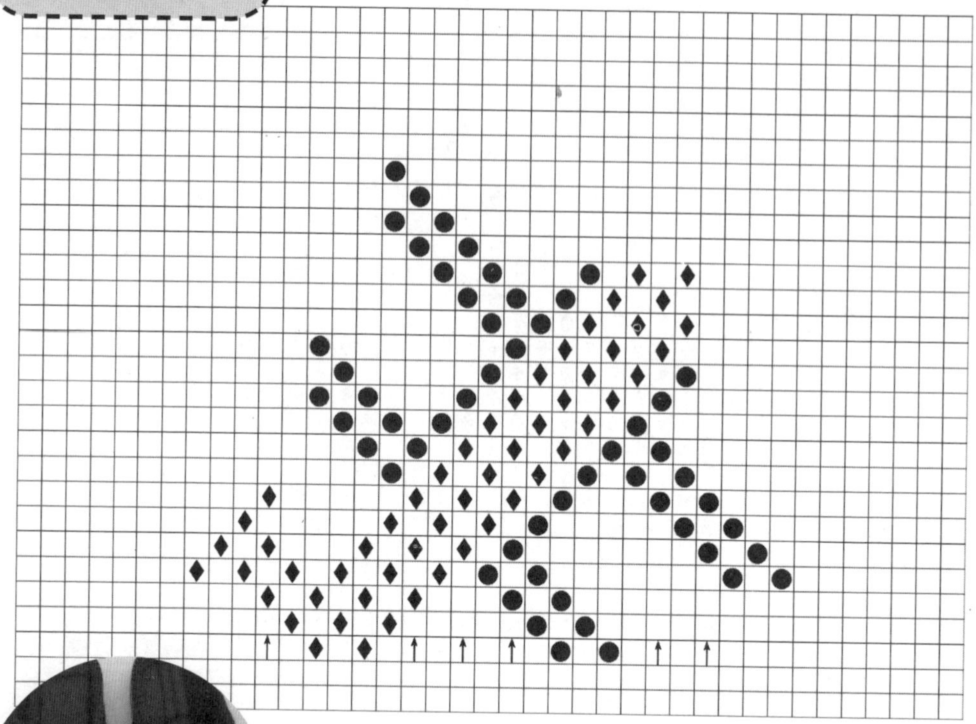

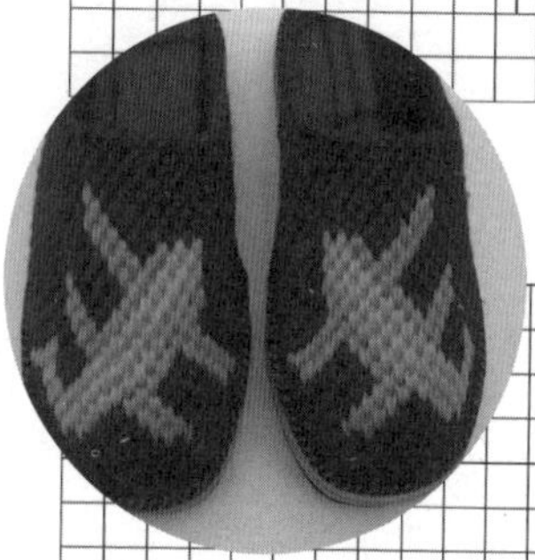

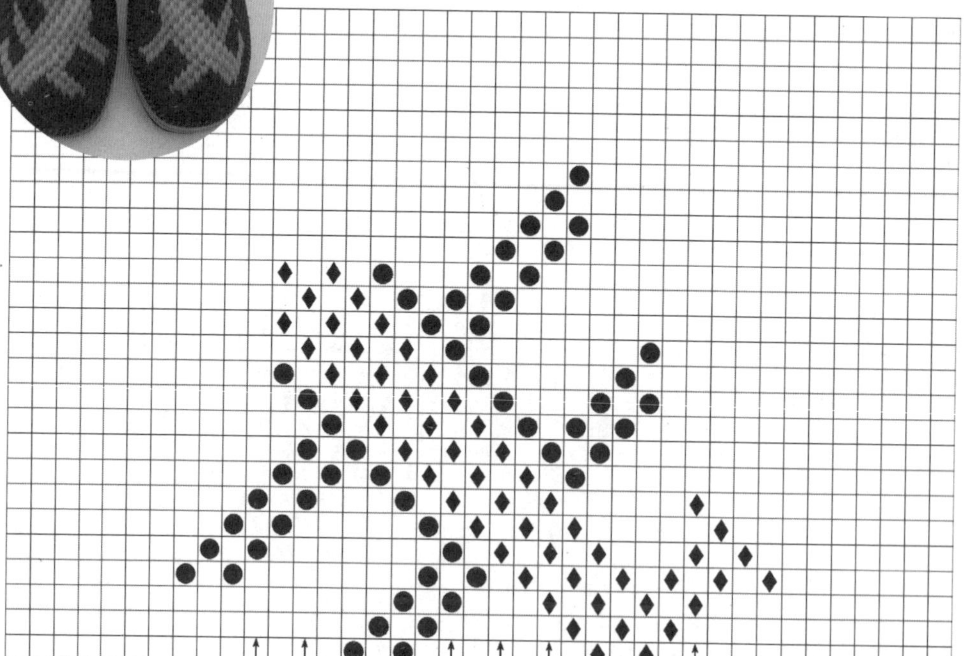

建议：10 针起花

迷你单车

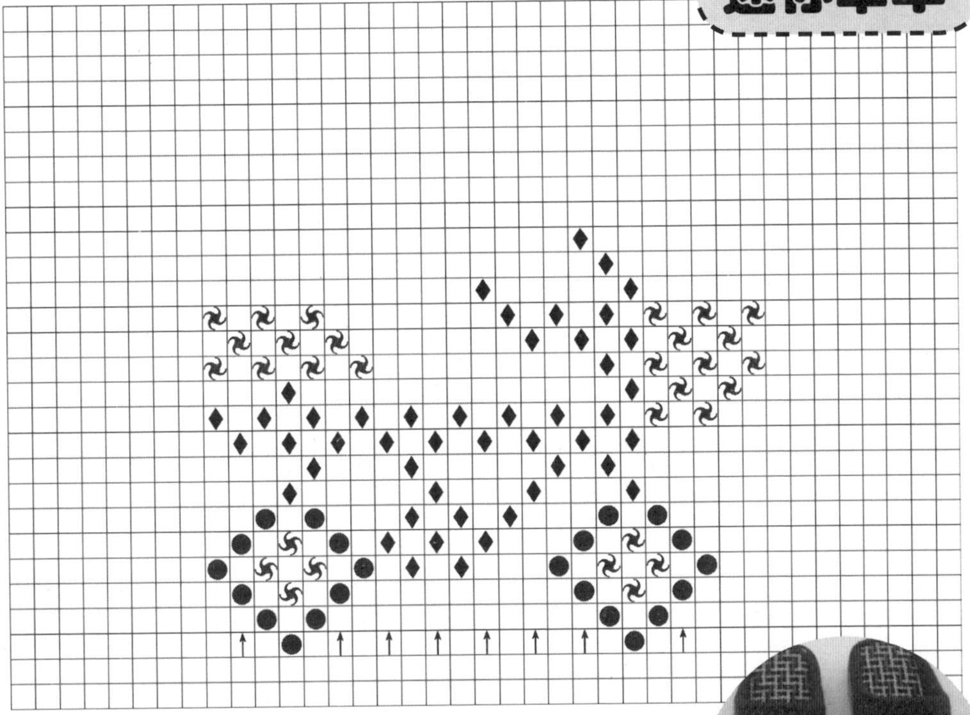

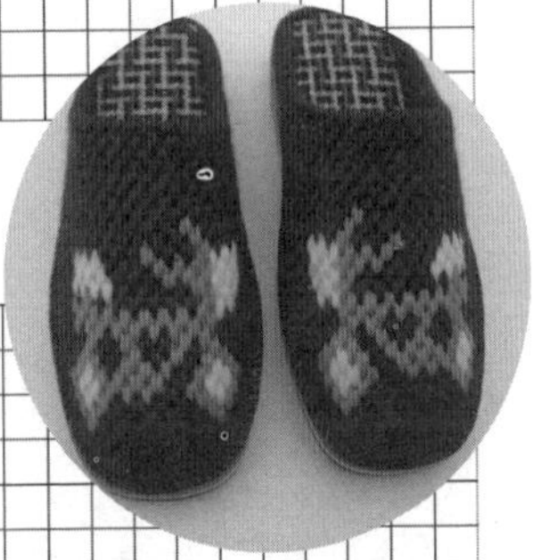

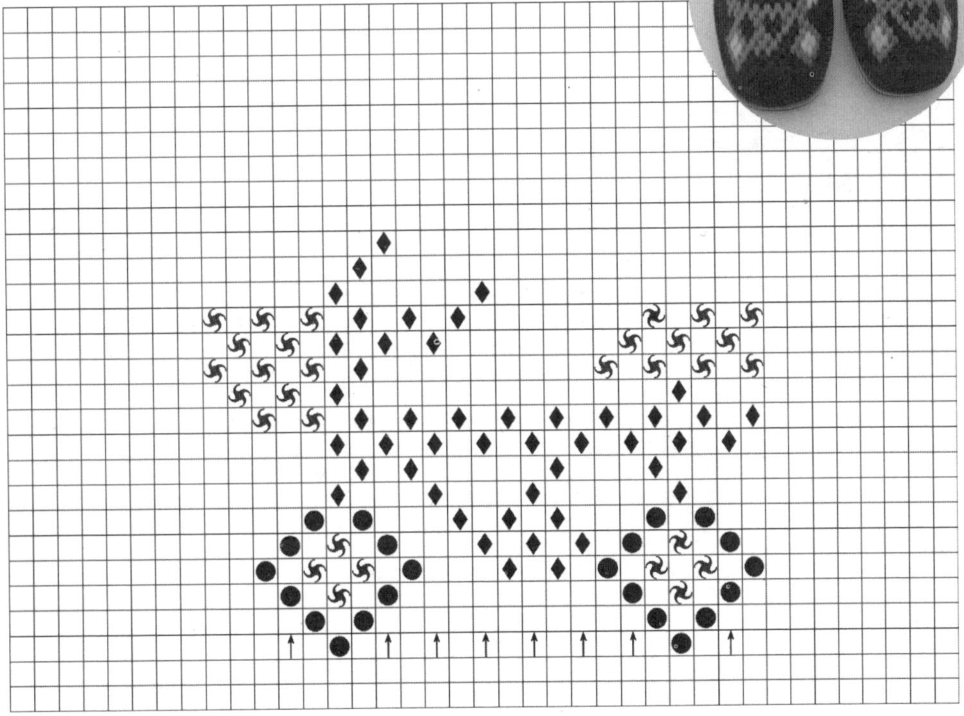

小轿车

建议：11 针起花

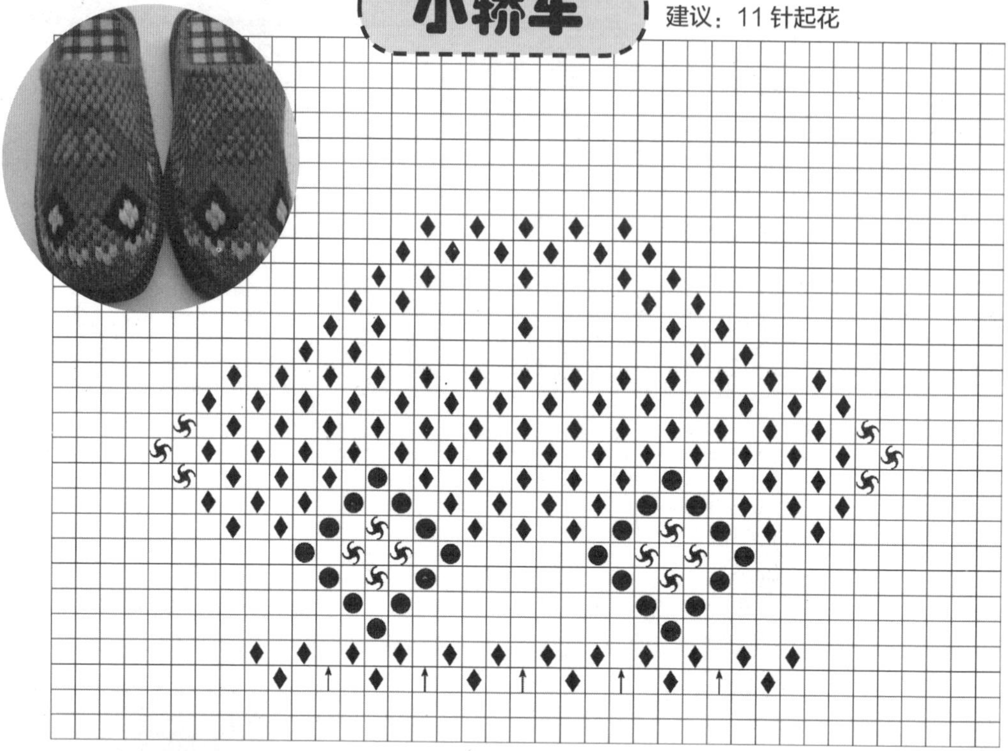

足球

建议：无

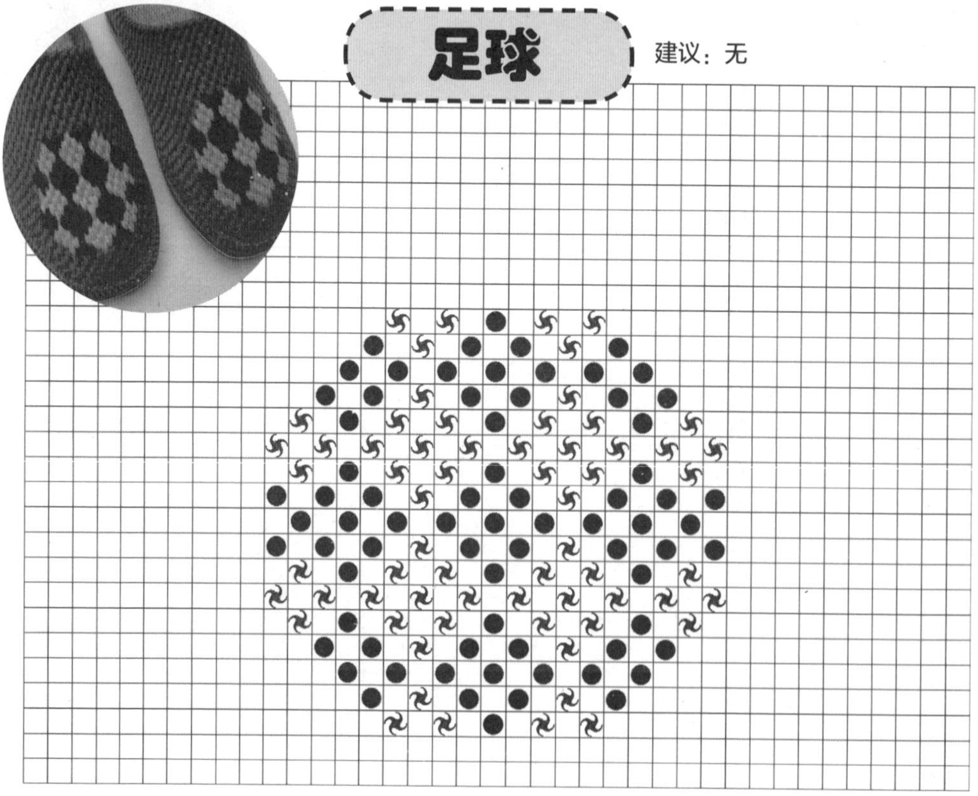

实物图片

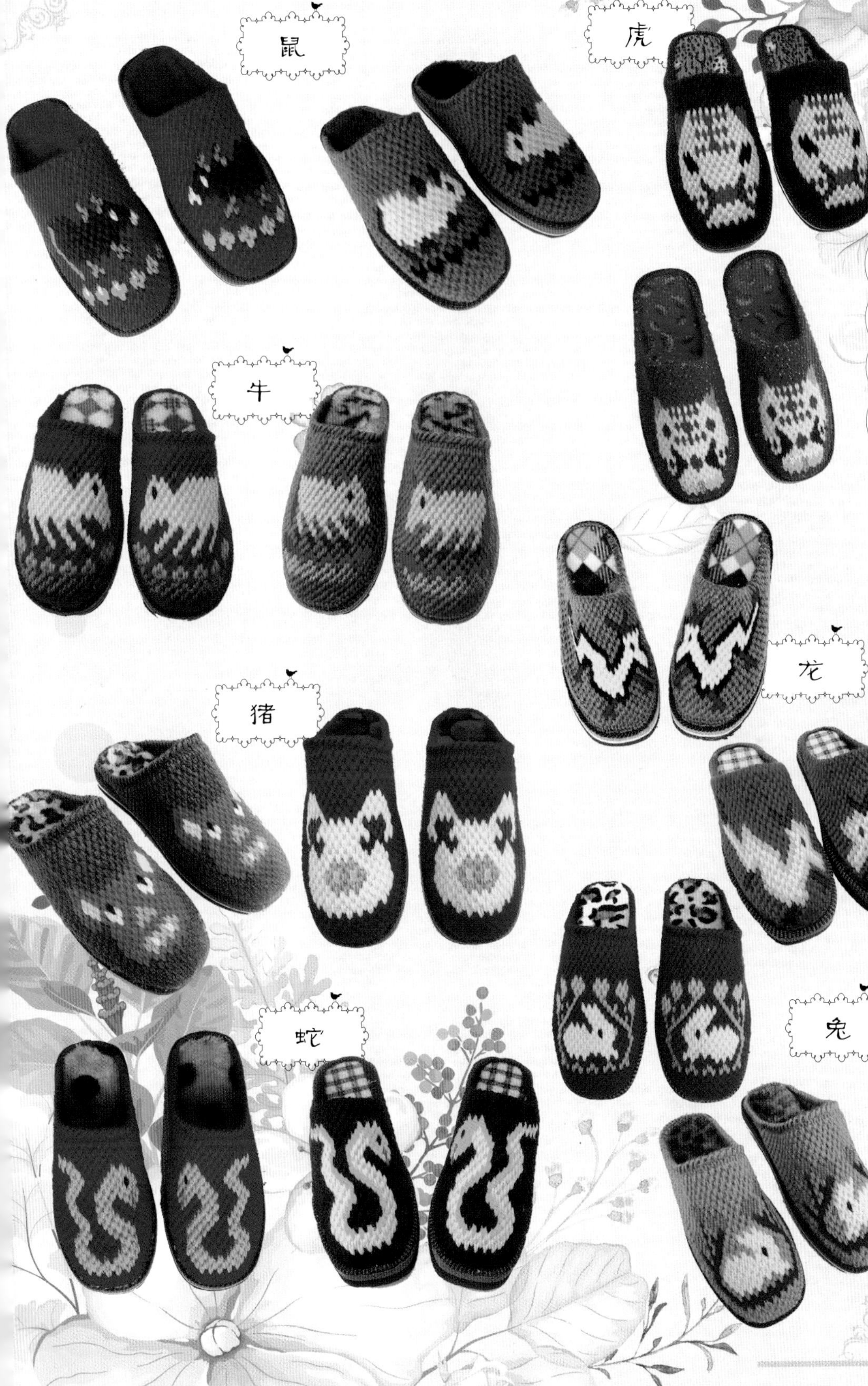

实物图片

狗

羊

猴

鸡

马

快乐兔

长耳兔

熊宝宝

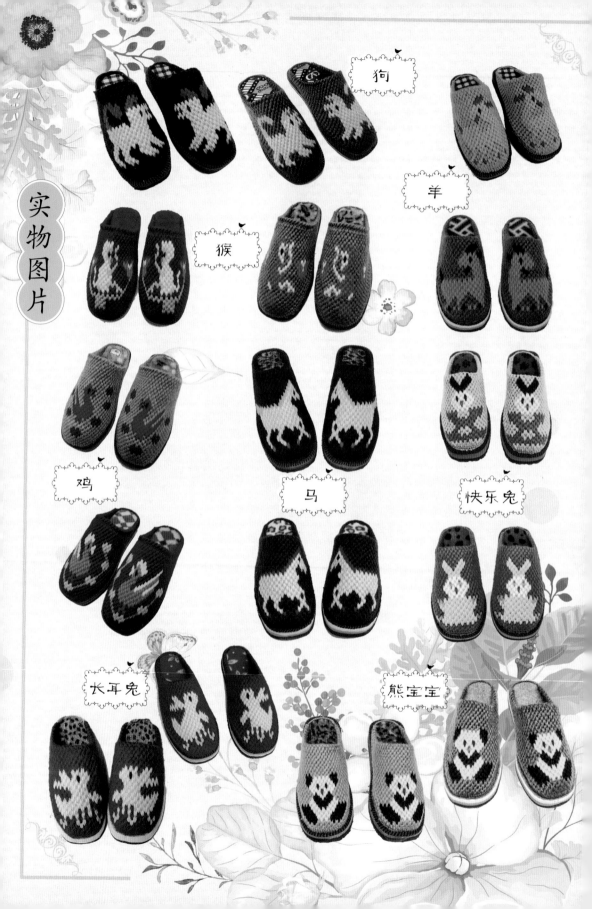

实物图片

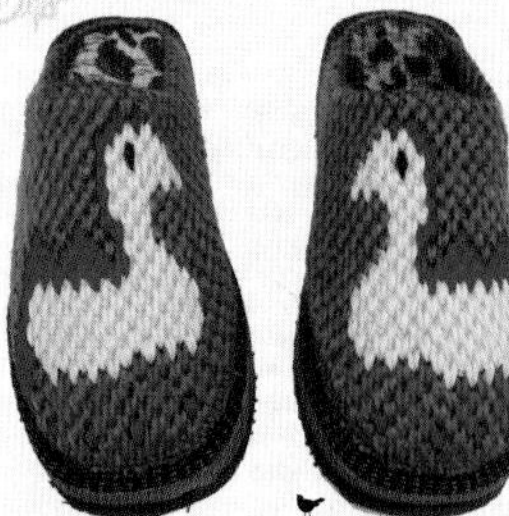

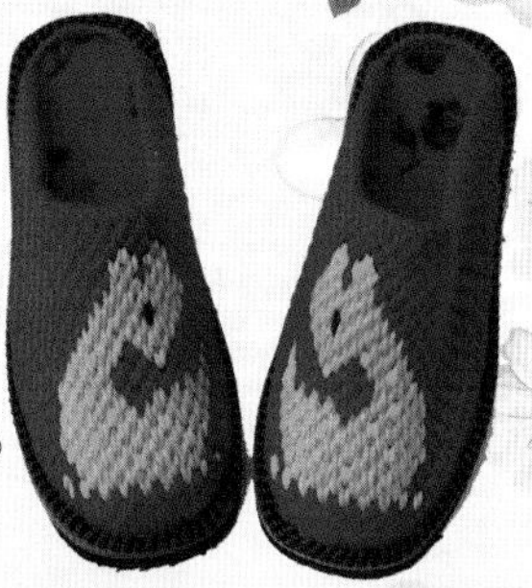

骆驼

鹿

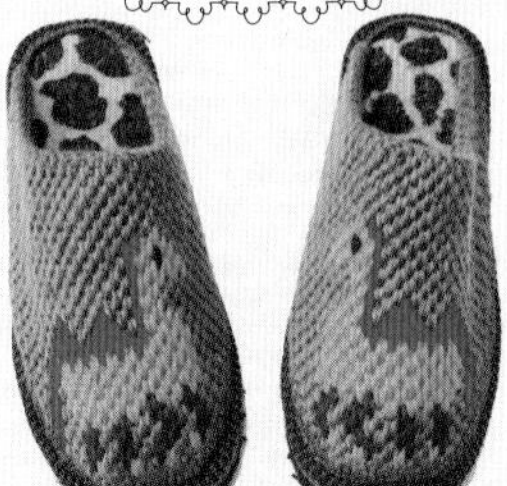

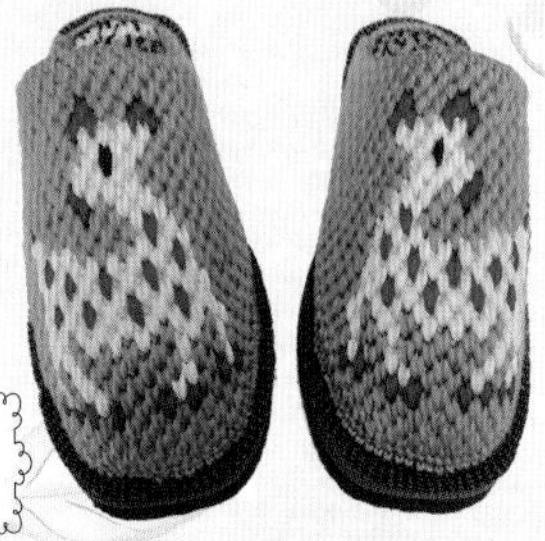

梅花鹿

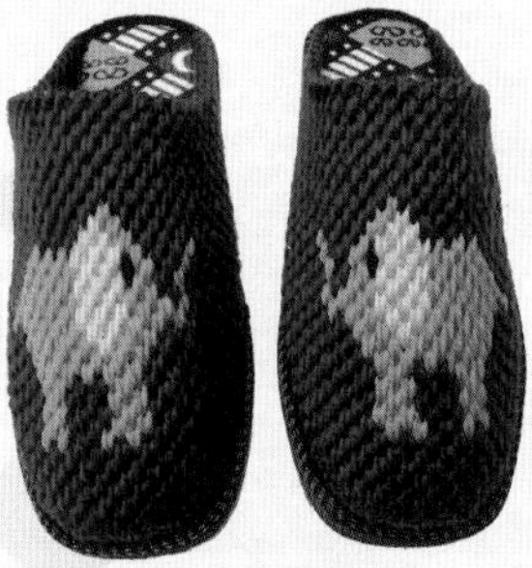

象

无尾熊

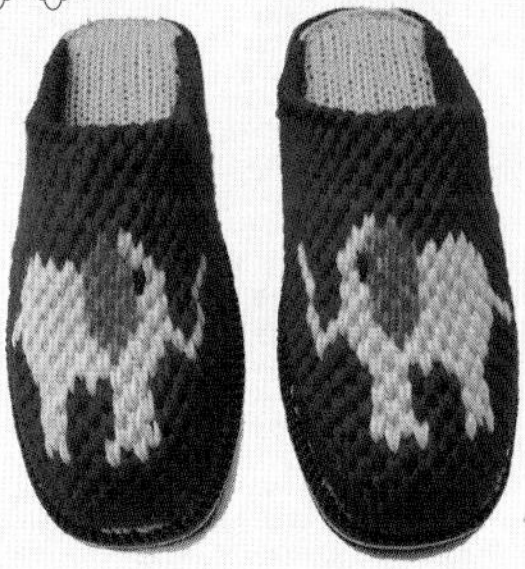

小猪

松鼠

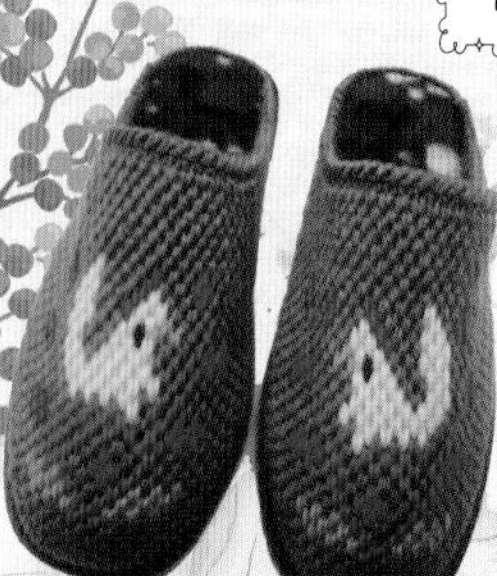
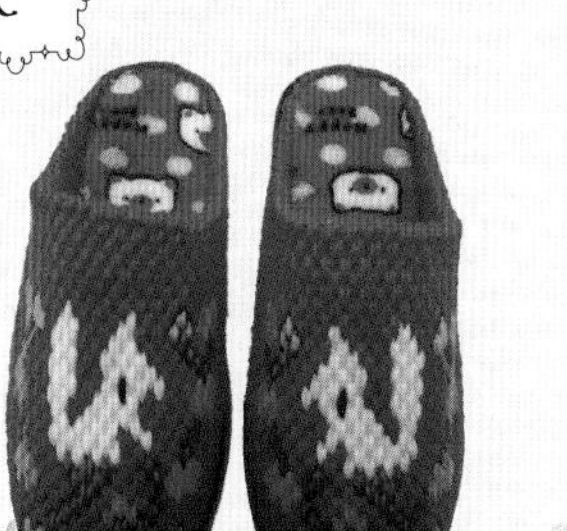

实物图片

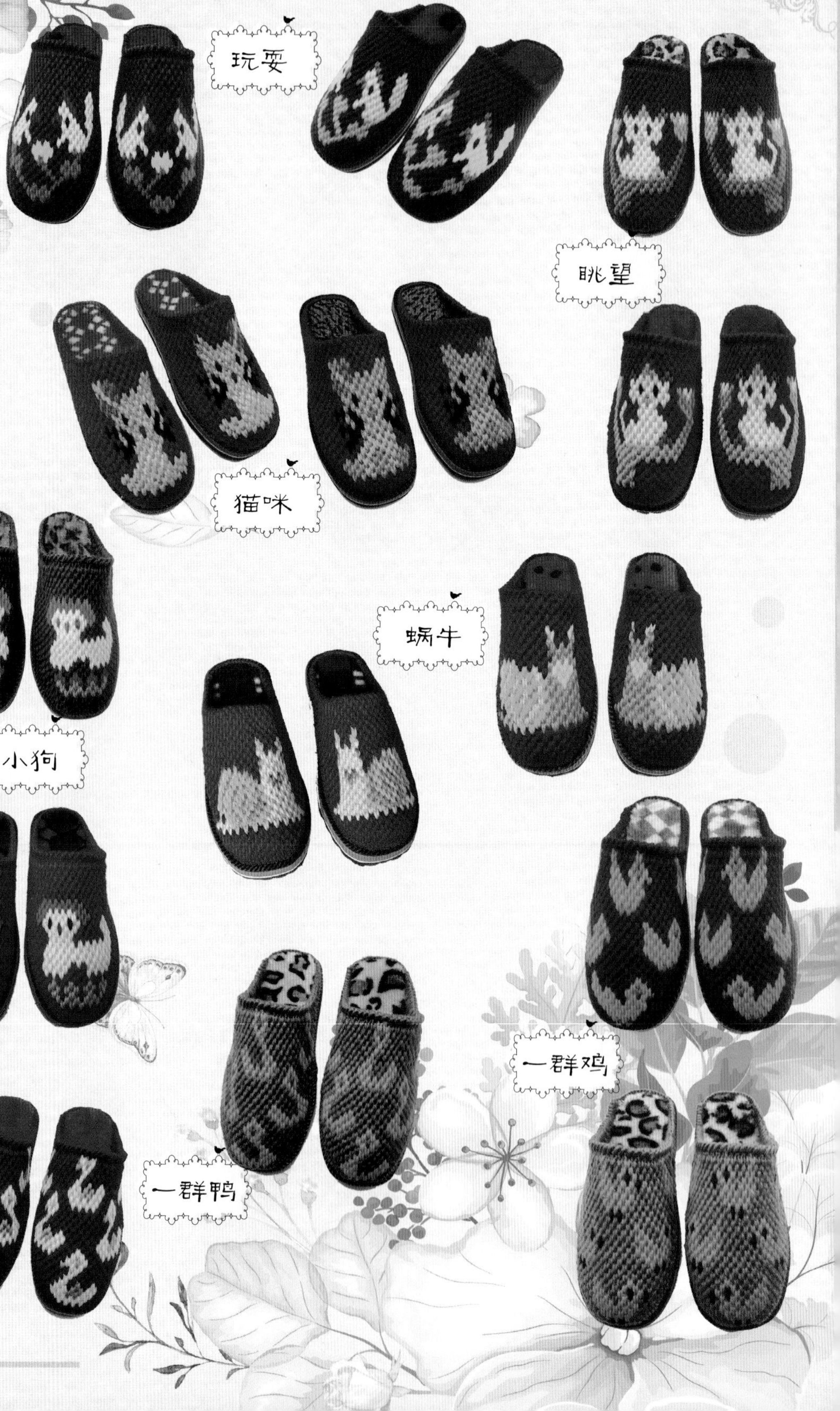

实物图片

雨中情

鹅

孔雀

舞动

花与鸟

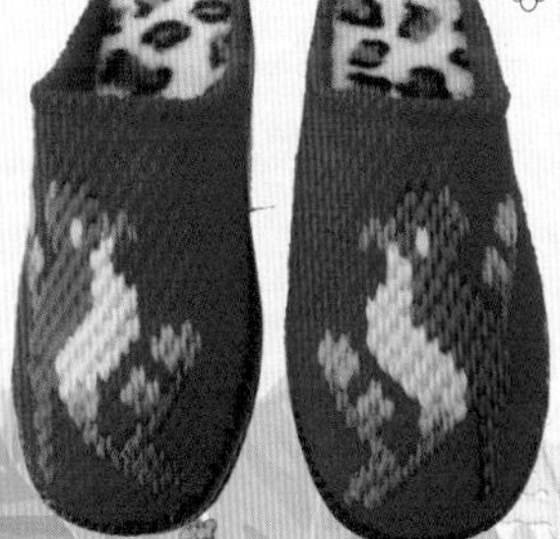

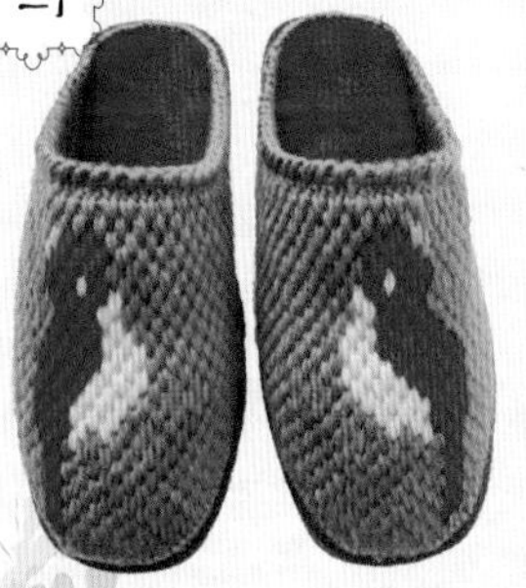

闻香

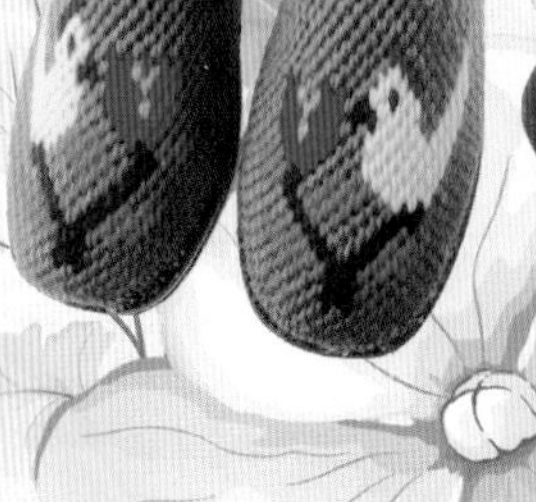

比美

实物图片

实物图片

实物图片

实物图片

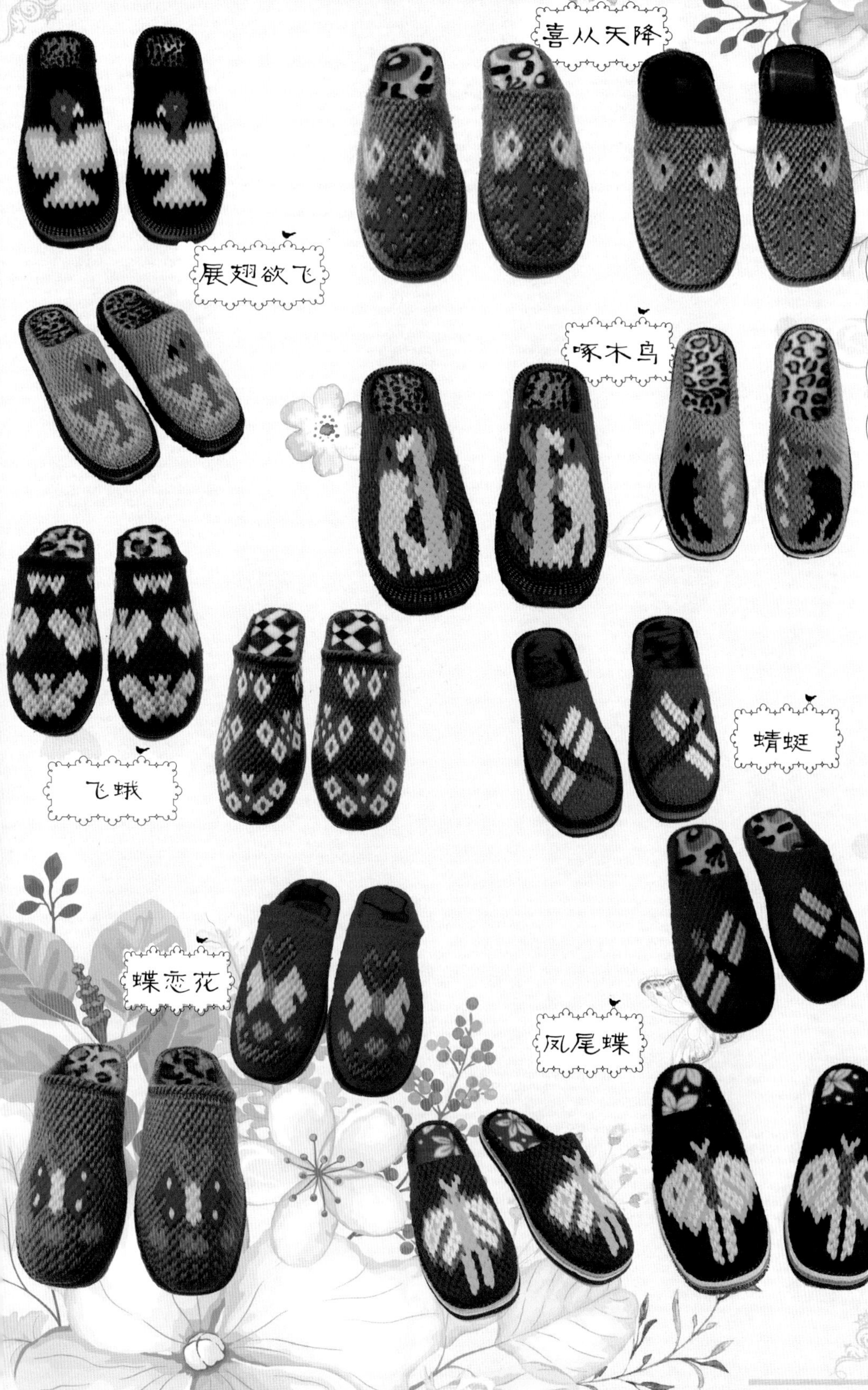

实物图片

花蝴蝶

一群鱼

比目鱼

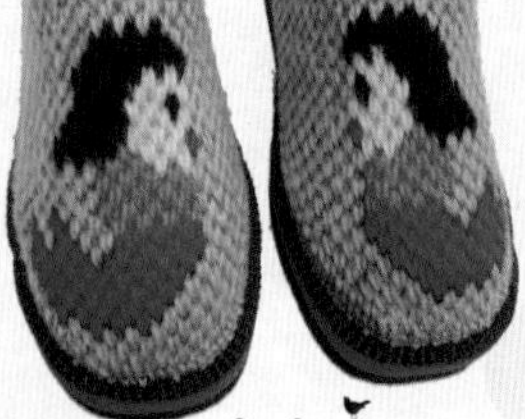

美人鱼

献花

表演

实物图片

喜结连理

撑船娃

小弟弟

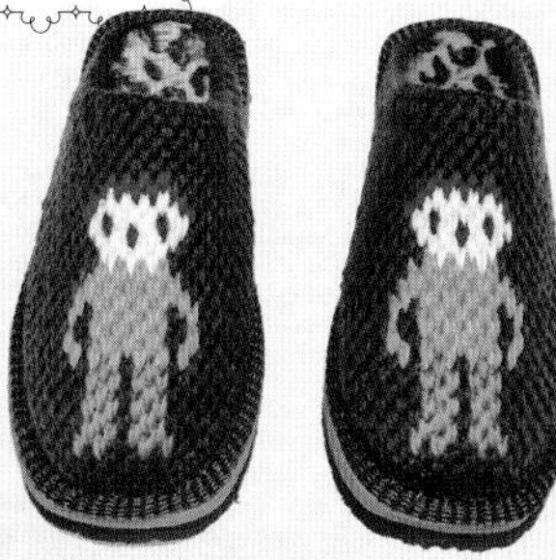

娃娃

小萝卜头

小姑娘

实物图片

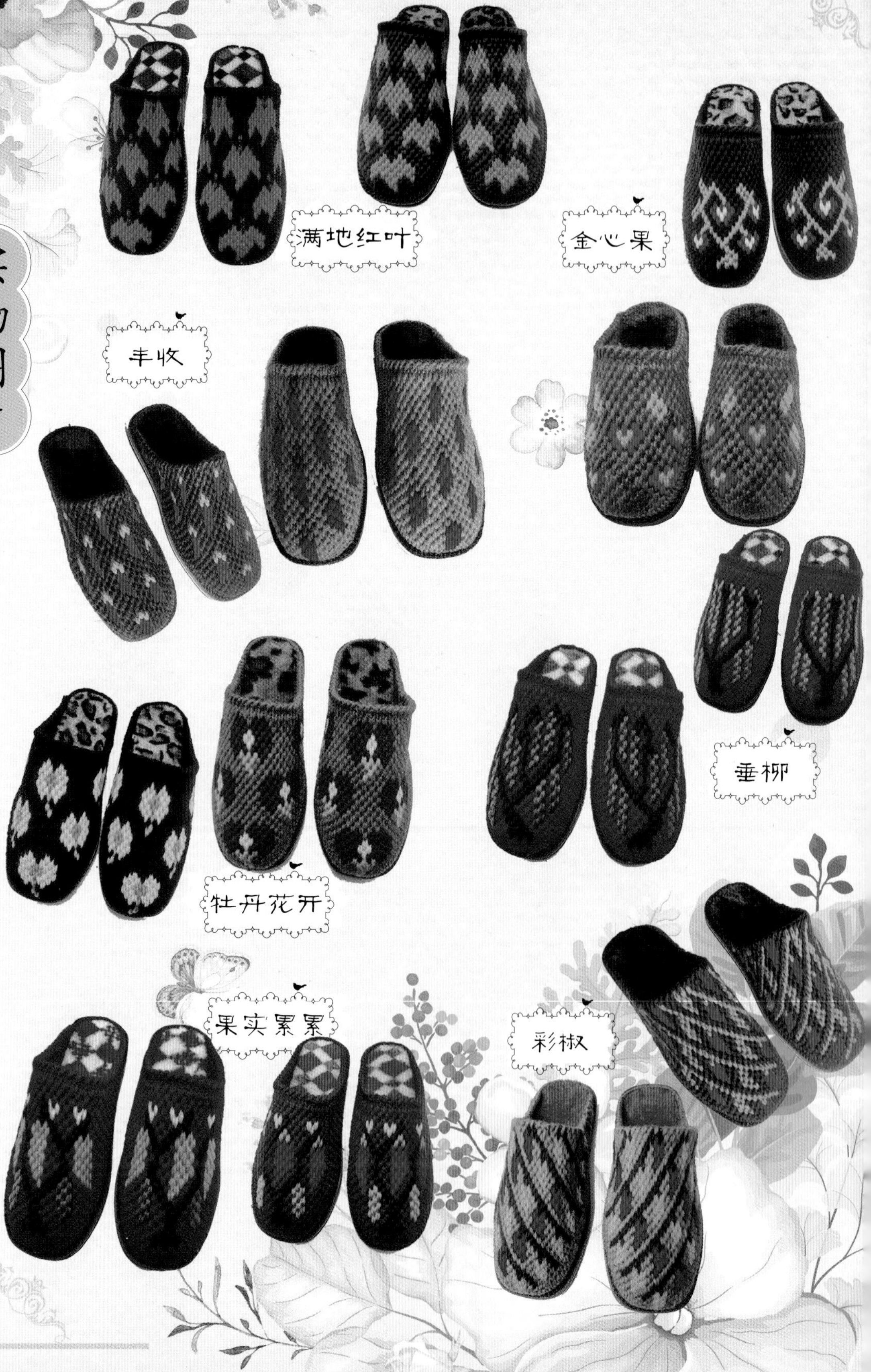

实物图片

小米椒

枫叶

收获

连绵

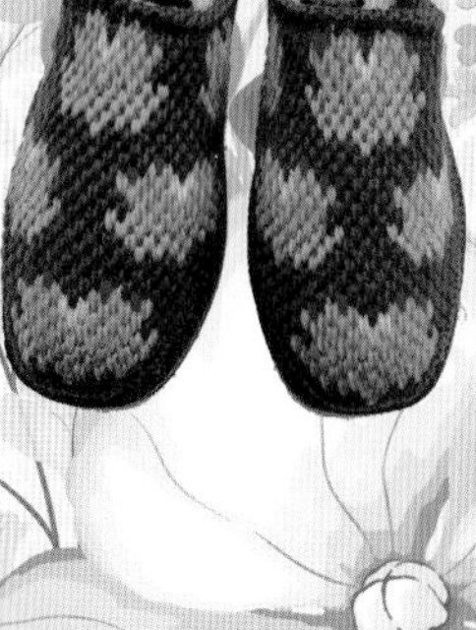

睡莲

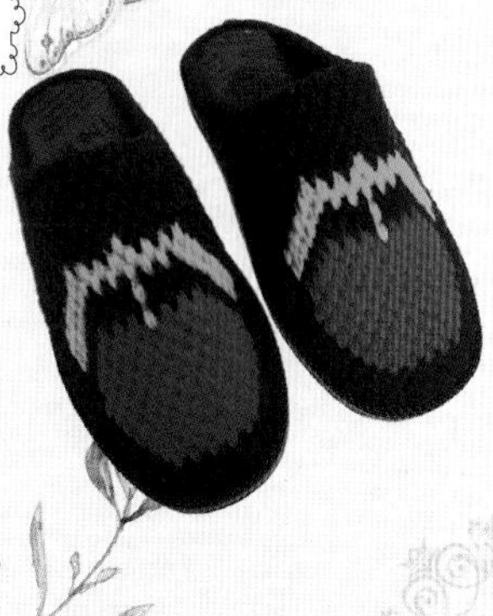

苹果

实物图片

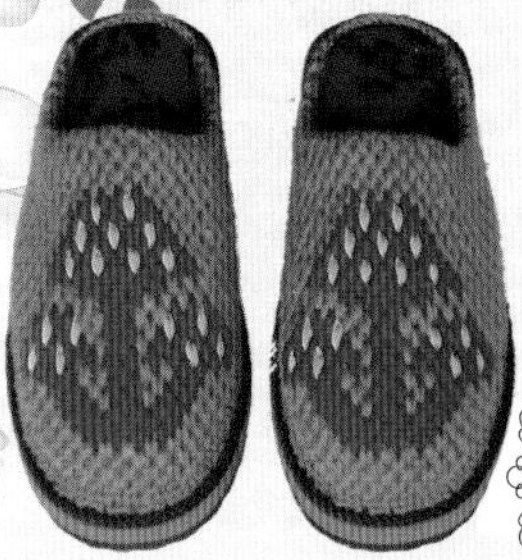

蘑菇

宝葫芦

郁金香

心心相印

萌芽

满花

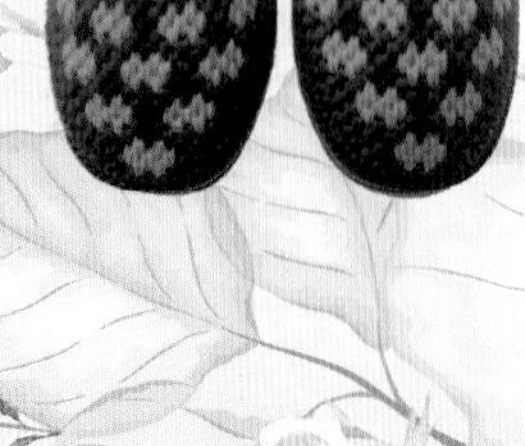

实物图片

大岩桐

花海

蒲公英

福气满满

雨伞

小货车

实物图片

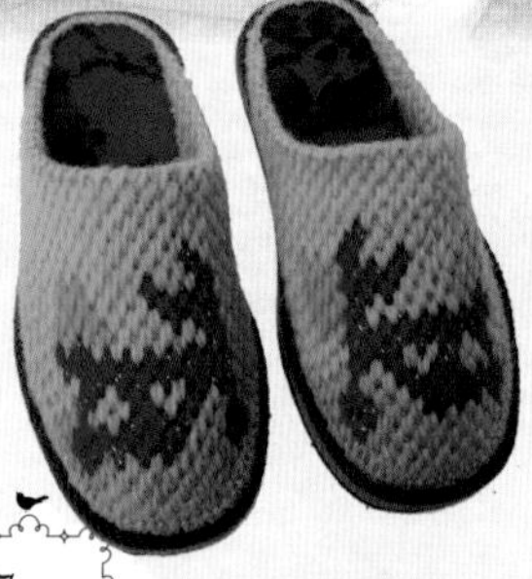

迷你单车

飞机

小轿车

足球